安全生产知识普及百问百答丛书

隐患排查治理

百问百答

安全生产知识普及百问百答丛书编写组

杨 勇	时 文	王琛亮	葛楠楠	曹炳文
佟瑞鹏	刘松涛	任彦斌	秦荣中	徐孟环
孙 超	韩雪萍	杨晗玉	王一波	翁兰香

中国劳动社会保障出版社

图书在版编目（CIP）数据

隐患排查治理百问百答/《安全生产知识普及百问百答丛书》编写组编. —北京：中国劳动社会保障出版社，2015

（安全生产知识普及百问百答丛书）

ISBN 978-7-5167-1775-2

Ⅰ . ①隐… Ⅱ . ①安… Ⅲ . ①安全生产 - 生产管理 - 问题解答 Ⅳ . ① X92-44

中国版本图书馆 CIP 数据核字（2015）第 066107 号

中国劳动社会保障出版社出版发行

（北京市惠新东街 1 号 邮政编码：100029）

*

国铁印务有限公司印刷装订 新华书店经销

850 毫米 × 1168 毫米 32 开本 4.625 印张 103 千字

2015 年 4 月第 1 版 2023 年 6 月第 8 次印刷

定价：**18.00 元**

营销中心电话：400-606-6496

出版社网址：http://www.class.com.cn

目录

企业安全生产检查

安全生产事故隐患排查治理责任

事故报告和调查处理

相关概念

1. 什么叫安全?

　　安全和危险是相对的，没有绝对的危险，也没有绝对的安全。安全是指人们在生产、生活中不会遭受人身伤害以及财产损失，是指没有危险、不出事故的状态。生产过程中的安全，即安全生产，是指"不发生工伤事故、职业病、设备或者财产损失"。

　　危险是指系统中存在导致发生不期望后果的可能性超过了人们的承受程度。危险度是事故发生的可能性与严重性的二元函数，是两者的结合。按照安全系统工程的观点，危险是指系统中存在导致发生不期望后果的可能性超过了人们的承受程度。从危险的概念可以看出，危险是人们对事物的具体认识，必须指明具体对象，如危险环境、危险条件、危险状态、危险物质、危险场所、危险人员、危险因素等。

　　[相关链接]

　　系统工程中的安全概念，认为世界上没有绝对的安全的事或者物，任何事或者物都包含有不安全因素，具有一定的危险性。危险性是安全性的反面体现，当危险性低于某种程度时，人们就认为是安全的。这样来看，安全是指危险未达到人们不可以接受的程度。

2. 什么叫事故?

事故具有随机性，所以我们在今后工作中更应该小心。

一般是这样定义事故的：事故是指生产系统或者生产工作中的人遭受阻碍或中止现状，可能导致人员受到伤害或财产受到损失的非预先知晓的意外事件。通常人们认为，事故是指安全生产管理中的伤亡事故和职业危害事故，是从业人员在生产活动中发生的人身伤害和职业中毒事件。事故具有以下基本特征：

（1）普遍性

各类事故的发生具有普遍性，从更广泛的意义上讲，世界上没有绝对的安全。

（2）随机性

事故的发生是随机的，同样的前因事件随时间的进程导致的后果不一定完全相同，但偶然中有必然，必然性存在于偶然性之中。

（3）必然性

偶然性是指事物发展过程中呈现出来的某种摇摆、偏离，是可以出现或不出现、可以这样出现或那样出现的不确定的趋势。必然性是客观事物联系和发展的合乎规律的、确定不移的趋势，在一定条件下具有不可避免性。

（4）因果相关性

事故因果性是说一切事故的发生都是由一定原因引起的，这些原因就是潜在的危险因素，事故本身只是所有潜在危险因素或显性危险因素共同作用的结果。在生产过程中存在着许多危险因素，不但有人的因素（包括人的不安全行为和管理缺陷），而且也有物的因素（包括物的本身存在着不安全因素以及环境存在着不安全条件等）。

（5）潜伏性

事故的潜伏性是说事故在尚未发生或还未造成后果时，是不会显现出来的，好像一切还处在"正常"和"平静"状态。但生产中的危险因素是客观存在的，只要这些危险因素未被消除，事故总会发生，只是时间的早晚而已。

（6）危害性

事故都具有破坏性，是人们不想看见的结果。但是，人们长期同事故做斗争，同样也促进了生产力的发展。我们应当认识事故，预防和控制事故，研究控制事故的方法和措施。正因为如此，催生了安全生产管理这样一门学问，使人们不是消极地应对事故，而是积极主动地去预测和控制事故，将事故的危害降低到最低水平。

[法律提示]

国务院第493号令《生产安全事故报告和调查处理条例》，将"生产安全事故"定义为：生产经营活动中发生的造成人身伤亡或者直接经济损失的事件。

按照国家标准《企业职工伤亡事故分类》（GB 6441—1986），将企业工伤事故分为20类，分别为物体打击、车辆伤害、机械伤害、起重伤害、触电、淹溺、灼烫、火灾、高处坠落、坍塌、冒顶片帮、透水、放炮、瓦斯爆炸、火药爆炸、锅炉爆炸、其他爆炸、中毒和窒息及其他伤害等。

3. 生产安全事故隐患是怎么定义的?

国家安全生产监督管理总局颁布的《生产安全事故隐患排查治理暂行规定》，将"生产安全事故隐患"定义为：生产经营单位违反安全生产法律、法规、规章、标准、规程和安全生产管理制度的规定，或者因其他因素在生产经营活动中存在可能导致事故发生的物的危险状态、人的不安全行为和管理上的缺陷。

事故隐患是指作业场所、设备及设施的不安全状态，是引发安全生产事故的直接原因。

事故隐患分为一般事故隐患和重大事故隐患。一般事故隐患，是指危害和整改难度较小，发现后能够立即整改排除的隐患。重大事故隐患，是指危害和整改难度较大，应当全部或者局部停产、停业，并经过一定时间整改治理方能排除的隐患，或者因外部因素影响致使生产经营单位自身难以排除的隐患。

你们没有配备消防器材，违反了安全生产法规！

根据《安全生产事故隐患排查治理暂行规定》（国家安全生产监督管理总局令第16号）的规定：生产经营单位应当建立、健全事故隐患排查治理制度，生产经营单位主要负责人对本单位事故隐患排查治理工作全面负责。任何单位和个人发现事故隐患，均有权向安全监管、监察部门和有关部门报告。

生产经营单位是事故隐患排查、治理和防控的责任主体，应当建立、健全事故隐患排查治理和建档监控等制度，逐级建立并落实从主要负责人到每个从业人员的隐患排查治理和监控责任制，应当保证事故隐患排查治理所需的资金，建立资金使用专项制度。

生产经营单位应当定期组织安全生产管理人员、工程技术人员和其他相关人员排查本单位的事故隐患。对排查出的事故隐患，应当按照事故隐患的等级进行登记，建立事故隐患信息档案，并按照职责分工实施监控治理。生产经营单位应当建立事故隐患报告和举报奖励制度，鼓励、发动职工发现和排除事故隐患，鼓励社会公众举报。对发现、排除和举报事故隐患的有功人员，应当给予物质奖励和表彰。

[知识学习]

事故隐患的分类与事故分类有密切关系，按事故发生的起因可将事故隐患归纳为21类，即火灾、爆炸、中毒和窒息、水害、坍塌、滑坡、泄漏、腐蚀、触电、坠落、机械伤害、煤与瓦斯突出、公路设施伤害、公路车辆伤害、铁路设施伤害、铁路车辆伤害、水上运输伤害、港口码头伤害、空中运输伤害、航空港伤害和其他类隐患等。

4. 什么是隐患排查治理?

所谓隐患排查治理，是指根据国家安全生产法律、法规，利用安全生产管理相关方法，对生产经营单位的人、机械设备、工作环境和生产管理进行逐项排查，目的是发现安全生产事故隐患。发现隐患后，根据各种治理手段，将其消除，从而把生产安全事故消灭在萌芽状态，达到安全生产的目标。

 [法律提示]

《安全生产法》第一章总则第一条规定：为了加强安全生产工作，防止和减少生产安全事故，保障人民群众生命和财产安全，促进经济社会持续健康发展，制定本法。

第四条规定：生产经营单位必须遵守本法和其他有关安全生产的法律、法规，加强安全生产管理，建立、健全安全生产责任制和安全生产规章制度，改善安全生产条件，推进安全生产标准化建设，提高安全生产水平，确保安全生产。

5. 什么是危险?

危险是指某一系统、产品、设备或操作的内部和外部的一种潜在的状态，其发生可能造成人员伤害、职业病、财产损失、作业环境破坏等不良的状态。

我们就在你的身旁！

 [相关链接]

危险的特征在于其危险可能性的大小与安全条件和危险概率有关。危险概率则是指危险发生（转变）事故的可能性即频度或单位时间危险发生的次数。危险的严重度或伤害、损失、危害的程度则是指每次危险发生导致的伤害程度或损失的大小。

6. 什么是危险源?

危险源是指一个系统中具有潜在能量和物质释放危险的、可造成人员伤害、在一定的触发因素作用下可转化为事故的部位、区域、场所、空间、岗位、设备及其位置。也就是说，危险源是指可能导致死亡、伤害、职业病、财产损失、工作环境破坏或这些情况综合发生的

不要小看我啊，我也是危险源之一啊。

根源或状态。工业生产作业过程的危险源一般分为五类：

（1）毒害性、放射性、腐蚀性及传染病病原体类危险源。

（2）锅炉及压力容器设施类危险源。

（3）电气类设施危险源。

（4）高温作业区危险源。

（5）辐射类危害危险源。

[法律提示]

《危险化学品重大危险源监督管理暂行规定》已经2011年7月22日国家安全生产监督管理总局局长办公会议审议通过，2011年8月5日国家安全生产监督管理总局40号令予以公布，自2011年12月1日起施行。

[知识学习]

危险源应由三个要素构成，即具有潜在危险性、具有存在条件和转化成事故的触发因素。

7. 什么是重大危险源？

《危险化学品重大危险源辨识》（GB 18218—2009）中将"重大危险源"定义为：长期地或临时地生产、加工、使用或储存危险化学品，且危险化学品的数量等于或超过临界量的单元。一个（套）生产装置，设施或场所，或同属一个生产经营单位的且边缘距离小于500米的几个（套）生产装置、设施或场所。

[法律提示]

《安全生产法》第一百一十二条规定，"重大危险源，是指长期地或者临时地生产、搬运、使用或者储存危险物品，且危险物品的数量等于或者超过临界量的单元（包括场所和设施）。"

8. 什么是安全生产管理？

安全生产管理是管理学的重要组成部分，是安全科学的一个分支学科。那么什么是安全生产管理呢？安全生产管理是指针对人们在生产过程中的安全问题，运用有效的资源，发挥人们的智慧，通过努力，进行有关决策、计划、组织和控制等活动，实现生产过程中人与机器设备、物料、环境的和谐发展，达到安全生产的目标。

安全生产管理的目标是，减少和控制危害，减少和控制事故，尽量避免生产过程中由于事故所造成的人身伤害、财产损失、环境污染以及其他损失。安全生产管理包括安全生产法制管理、行政管理、监督检查、工艺技术管理、设备与设施管理、作业环境和条件管理以及劳动防护用品管理等。

安全生产管理的基本对象是企业的从业人员，涉及企业中的所有人员、设备、设施、物料、环境、财务、信息等各个方面。安全生产管理的内容包括：安全生产管理机构和安全生产管理人员、安全生产责任制、安全生产管理规章制度、安全生产策划、安全生产培训教育、安全生产档案等。

[相关链接]

《辞海》中将"安全生产"解释为：为预防生产过程中发生人身、设备事故，形成良好劳动环境和工作秩序而采取的一系列措施和活动。《中国大百科全书》中将"安全生产"解释为：旨在保护劳动者在生产过程中安全的一项方针，也是企业管理必须遵循的一项原则，要求最大限度地减少劳动者的工伤和职业病，保障劳动者在生产过程中的生命安全和身体健康。

安全生产管理是企业管理的重要组成部分，包含在企业管理之中并贯穿其始终。

[法律提示]

《宪法》第四十二条明确规定：国家通过各种途径，创造劳动就业条件，加强劳动保护，改善劳动条件，并在发展生产的基础上，提高劳动报酬和福利待遇。第四十三条明确规定：劳动者有休息的权利，国家发展劳动者休息和休养的设施，规定职工的休息时间和休假制度。

《劳动法》第一章总则的第三条规定：劳动者享有平等就业和选择职业的权利、取得劳动报酬的权利、休息和休假的权利、获得劳动安全卫生保护的权利、接受职业技能培训的权利、享受社会保险和福利的权利、提请劳动争议处理的权利以及法律规定的其他劳动权利。

《安全生产法》第一章总则第四条规定：生产经营单位必须遵守本法和其他有关安全生产的法律、法规，加强安全生产管理，建立、健全安全生产责任制度，完善安全生产条件，确保安全生产。

9. 现代安全生产管理理论有哪些？

（1）海因里希事故因果连锁理论

海因里希是最早提出事故因果连锁理论的，该理论的核心思想是：伤害事故的发生不是一个孤立的事件，而是一系列原因事件相继发生的结果，即伤害与各原因相互之间具有连锁关系。海因里希提出的事故因果连锁过程包括五种因素：遗传及社会环境、人的缺点、人的不安全行为或物的不安全状态、事故、伤害。

上述事故因果连锁关系，可以用五块多米诺骨牌来形象地加以描述，如果第一块骨牌倒下（即第一个原因出现），则发生连锁反应，后面的骨牌相继被碰倒（相继发生）。这就是著名的海因里希多米诺骨牌理论。

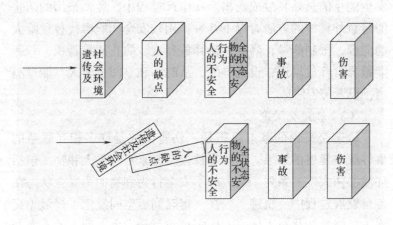

海因里希事故因果连锁理论示意图

（2）能量意外转移理论

1961年吉布森（Gibson）、1966年哈登（Haddon）等人提出了能量意外释放论，认为事故是一种不希望或不正常的能量释放，各种形式的能量构成事故的直接原因。

该理论阐明了伤害事故发生的物理本质，指明了防止伤害事故就是防止能量意外释放，

可不能让你溜出去……

能量

防止能量接触人体。根据这种理论，人们应经常注意生产过程中能量的流动、转换，以及不同形式的能量的相互作用，防止发生能量的意外释放或逸出。在生产过程中，经常采用的防止能量意外释放的方法有以下几种：用较安全的能源代替危险大的能源，限制能量，降低能量释放速度，防止能量蓄积，开辟能量异常释放渠道，设置屏障，从时间和空间上将人与能量隔离，设置警告信息。

（3）轨迹交叉论

轨迹交叉论的基本思想是：伤害事故是许多相互联系的事件顺序发展的结果。这些事件概括起来不外乎人和物（包括环境）两大发展系列。当人的不安全行为和物的不安全状态在各自发展过程中（轨迹），在一定时间、空间发生了接触（交叉），能量转移至人体时，伤害事故就会发生。而人的不安全行为和物的不安全状态之所以产生和发展，又是多种因素作用的结果。

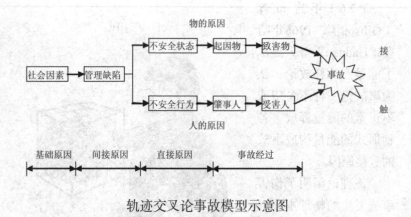

轨迹交叉论事故模型示意图

[相关链接]

现代安全管理中比较倾向于系统安全管理理论，它包括很多区别于传统安全理论的创新概念：

（1）系统性

在事故致因理论方面，改变了人们只注重操作人员的不安全行为，而忽略硬件故障在事故致因中作用的传统观念，开始考虑如何通过改善物的系统可靠性来提高复杂系统的安全性，从而避免事故。

（2）相对性

没有任何一种事物是绝对安全的，任何事物中都潜伏着危险因素。通常所说的安全或危险只不过是一种主观的判断。

（3）可操作性

不可能根除一切危险源，可以减少现有危险源的危险性。要减少总的危险性而不是只消除几种选定的风险。

（4）发展性

由于人的认识能力有限，有时不能完全认识危险源及其风险，即使认识了现有的危险源，随着生产技术的发展，新技术、新工艺、新材料和新能源的出现，又会产生新的危险源。安全生产工作的目标就是控制危险源，努力把事故的发生概率降到最低，即使万一发生事故，也可以把伤害和损失控制在较轻的程度上。

10. 我国安全生产的方针和原则是什么？

（1）安全生产工作方针

《安全生产法》在总结安全生产管理经验的基础上，坚持以科学发展观为指导，从经济和社会发展的全局出发，不断深化对安全生产规律的认识，将"安全第一、预防为主、综合治理"规定为我国安全生产工作的方针。2011年10月1日，国务院办公厅下发了《关于印发安全生产"十二五"规划的通知》（国办发〔2011〕47号），通知中明确指出：党中央、国务院高度重视安全生产，确

立了安全发展理念和"安全第一、预防为主、综合治理"的方针，采取一系列重大举措加强安全生产工作。

（2）安全生产工作指导思想

安全生产管理工作的指导思想是：以邓小平理论和"三个代表"重要思想为指导，深入贯彻落实科学发展观，围绕科学发展的主题和加快转变经济发展方式的主线，牢固树立以人为本、安全发展的理念，坚持"安全第一、预防为主、综合治理"的方针，深化安全生产"三项行动"（集中开展"隐患治理年"、"安全生产年"活动，大力推进安全生产执法、治理和宣传教育行动）、"三项建设"（切实加强安全生产法制体制机制、安全保障能力和安全监管监察队伍建设），以强化企业安全生产主体责任为重点，以事故预防为主攻方向，以规范生产为重要保障，以科技进步为重要支撑，加强基础建设，加强责任落实，加强依法监管，全面推进安全生产各项工作，继续降低事故总量和伤亡人数，减少职业危害，有效防范和遏制

重特大事故，促进安全生产状况持续稳定好转，为经济社会全面、协调、可持续发展提供重要保障。

（3）安全生产工作基本原则

安全生产管理工作的基本原则是：统筹兼顾，协调发展。正确处理安全生产与经济发展、安全生产与速度质量效益的关系，坚持把安全生产放在首要位置，纳入社会管理创新的重要内容，实现区域、行业（领域）的科学、安全、可持续发展。

1）强化法治，综合治理。完善安全生产法律、法规和标准规范体系，严格安全生产执法，强化制度约束，把安全生产工作纳入依法、规范、有序、高效开展的轨道，真正做到依法准入、依法生产、依法监管。

2）突出预防，落实责任。坚持关口前移、重心下移，夯实筑牢安全生产基层基础防线，从源头上防范和遏制事故。全面落实企业主体责任，强化政府及部门监管责任和属地管理责任，加强全员、全方位、全过程的精细化管理，坚决守住安全生产这条红线。

3）依靠科技，创新机制。坚持科技兴安，充分发挥科技支撑和引领作用，加快安全科技研发与成果应用，建立企业、政府、社会多元投入机制，加强安全监管监察能力建设，创新监管监察方式，提升安全保障能力。

[相关链接]

"安全第一"就是在生产经营过程中，在处理生产和安全这两个方面问题时，要始终把安全放在首要的位置，坚持最优先考虑人的生命安全。

"预防为主"就是按照系统工程理论，按照事故发展的规律和特点，预防事故的发生，做到防患于未然，将事故消灭在萌芽状态。

　　"综合治理"就是要标本兼治，重在治本，采取各种管理手段预防事故发生。实现治标的同时，研究治本的方法，综合运用科技手段、法律规定、经济手段和行政干预，从各个方面着手解决影响安全生产的深层次问题，做到思想上、制度上、技术上、监督检查上、事故处理上和应急救援上的综合管理。

[法律提示]

　　《安全生产法》第一章总则第三条明确规定："安全生产工作应当以人为本，坚持安全发展，坚持安全第一、预防为主、综合治理的方针，强化和落实生产经营单位的主体责任，建立生产经营单位负责、职工参与、政府监管、行业自律和社会监督的机制。"

11. 安全生产法规分哪几大类？

　　安全生产法规，从内容上划分主要有以下三类：

　　（1）安全生产管理法规

　　安全生产管理法规是指国家为搞好安全生产，加强劳动保护，保障职工安全健康所制定的管理规范。这里主要是指规定领导和管理原则、管理制度的规范。

从广义上讲，国家立法、监察、监督检查和教育也属管理范畴。

（2）安全技术法规

国家为了消除或控制生产过程中的危险因素，防止发生人身伤亡事故所制定的技术性与组织性法规，统称为安全技术法规。它以"规定""规则""标准"的形式出现，大多是单项规定。

（3）职业卫生法规

职业卫生法规，是指国家为了改善劳动条件，保护职工在劳动过程中的健康，预防和消除职业性中毒等职业病而制定的种种法律规范。这里既包括劳动卫生工程技术措施，也包括预防医学保健措施方面的规定。其主要内容包括工矿企业设计、建设的劳动卫生规定，防止粉尘危害，防止有毒物质的危害，防止物理性危害因素的危害，劳动卫生及个体防护和劳动卫生辅助设施相关规定等。

[相关链接]

安全技术法规规定的主要内容大体可分为如下方面：工矿企业设计、建设的安全技术；机器设备的安全装置；特种设备的安全措施；防火、防爆安全规则；锅炉压力容器安全技术；工作环境的安全条件；劳动者的个体防护等。某些行业还有一些特殊的安全技术问题，如矿山特别是煤矿，突出的问题是预防井下开采中水、火、瓦斯、煤尘和冒顶片帮五大灾害的安全技术措施；化工企业主要是解决防火、防爆、防毒、防腐蚀的安全技术问题；建筑安装工程则主要是解决立体高空作业中的高空坠落、物体打击，以及土石方工程和拆除工程等方面的安全技术问题。对这些，国家有关部门都制定了专门的安全技术法规。

12. 我国安全生产法规体系总体形式是什么样的?

目前,我国的安全生产法律、法规已初步形成一个以宪法为依据,以《安全生产法》为主体,由有关法律、行政法规、地方法规和行政规章、技术标准所组成的综合体系。

(1)宪法

《中华人民共和国宪法》是国家法律体系的基础和核心,具有最高法律效力,是其他法律的立法依据和基础。宪法是安全生产法律体系框架的最高层次。我国宪法规定:"国家通过各种途径,创造劳动就业条件,加强劳动保护,改善劳动条件,并在发展生产的基础上,提高劳动报酬和福利待遇。"这是对安全生产方面最高法律效力的规定。

(2)安全生产法律

法律是指全国人民代表大会及其常务委员会按照法定程序制定的规范性文件,其法律地位和效力仅次于宪法,是行政法规、地方法规、行政规章的立法依据和基础。国家现行的有关安全生产法律分为:基础法,如《安全生产法》是综合规范安全生产法律制度的法律,它适用于所有生产经营单位,是我国安全

生产法律体系的核心；专门法律，是规范某一专业领域安全生产法律制度的法律，如《建筑法》《消防法》《交通安全法》等；相关法律，与安全生产相关的法律是指安全生产专门法律之外的其他涵盖有安全生产内容的法律，如《劳动法》《劳动合同法》等。

（3）安全生产法规

安全生产法规分为行政法规和地方性法规。安全生产行政法规是国务院组织制定并批准公布的，是为了实施安全生产法律或规范安全生产监督管理制度而制定并颁布的一系列具体规定，是实施安全生产监督管理和监察工作的重要依据。如《国务院关于特大安全生产事故行政责任追究的规定》《安全生产许可证条例》《生产安全事故报告和调查处理条例》《工伤保险条例》《建设工程安全生产管理条例》和《特种设备安全监察条例》等。地方性安全生产法规是指由有立法权的地方权力机关人民代表大会及其常务委员会和地方政府制定的安全生产规范性文件，是由法律授权制定的对国家安全生产法律、法规的补充和完善，具有较强的针对性和可操作性。如《北京市安全生产条例》《天津市安全生产条例》和《浙江省安全生产条例》等。

（4）安全生产规章

安全生产规章分为部门安全生产规章和地方政府安全生产政府规章，是安全生产法律、法规的重要补充。部门安全生产规章是指国务院有关部门依照安全生产法律、行政法规的规定或者国务院的授权制定发布的安全生产规章的法律地位和法律效力低于法律、行政法规、高于地方政府规章，如《建筑施工企业安全生产许可证管理规定》等。地方政府安全生产规章是最低层级的安全生产立法，其法律地位和法律效力低于其他上位法，不得与上位法相抵触，例如《北京市建设工程施工现场管理办法》等。

（5）安全生产标准

技术标准是指规定强制执行的产品特性或其相关工艺和生产方法的文件，以及规定适用于产品、工艺或生产方法的专门术语、符号、包装、标志或标签要求的文件。在我国，技术标准由标准主管部门以标准、规范、规程等形式颁布，也属于法规范畴。技术标准分为国家标准（GB）、行业标准（如AQ、JB等）、地方标准（DB）、企业标准（QB）四个等级。国家标准、行业标准分为强制性标准和推荐性标准。保障人体健康，人身、财产安全的标准和法律、行政法规规定强制执行的标准是强制性标准，其他标准可以是推荐性标准。

 [法律提示]

2010年7月19日，国务院办公厅发布了《国务院关于进一步加强企业安全生产工作的通知》，通知第二条明确要求必须严格企业安全生产管理：

（1）进一步规范企业生产经营行为。

（2）及时排查治理安全隐患。

（3）强化生产过程管理的领导责任。

（4）强化职工安全培训。

（5）全面开展安全达标。

13. 《安全生产法》基本内容是什么？

最新修订的《安全生产法》共七章114条，具有丰富的内涵：

（1）总则

《安全生产法》的立法宗旨是"为了加强安全生产工作，防止和减少生产安全事故，保障人民群众生命和财产安全，促进经济社会持续健康发展"。

这是最新修订的安全生产法。

《安全生产法》的第二条规定了其调整范围："在中华人民共和国领域内从事生产经营活动的单位（生产经营单位）的安全生产，适用本法；有关法律、行政法规对消防安全和道路交通安全、铁路交通安全、水上交通安全、民用航空安全以及核与辐射安全、特种设备安全另有规定的，适用其规定。"这就确定了《安全生产法》的安全生产基本法的地位，也说明了与其他相关法律、法规的关系。生产经营单位的含义，不仅包括国有企业、集体企业等企业类型，也包括个体工商户，这就体现了公平竞争的市场经济共同原则。《安全生产法》对生产经营单位的安全生产职责做出了明确规定，强调搞好安全生产工作的主体是生产经营单位，必须遵守本法和其他有关安全生产的法律、法规，加强安全生产管理，建立、健全安全生产责任制和安全生产规章制度，改善安全生产条件，推进安全生产标准化建设，提高安全生产水平，确保安全生产。生产经营单位的主要负责人对本单位的安全生产工作全面负责。

（2）生产经营单位的安全生产保障

《安全生产法》用了31条款重点对生产经营单位的安全保障做出了基本规定：

明确了主要负责人的安全生产责任；明确规定生产经营单位应当具备的安全生产条件所必需的资金投入问题；对安全生产管理机构和安全生产管理人员及其职责做出了明确的规定；有关职工安全培训以及有关人员资质认证问题；建设项目安全设施和矿山等建设项目的安全评价以及安全设备的管理；重大危险源的安全管理；生产安全事故隐患排查治理制度的规定；安全生产检查和劳动防护用品配备方面的规定；生产经营项目、场所发包或者出租等的安全生产管理和生产经营单位在事故抢险和报告应附有的责任等方面的内容。

（3）从业人员的权利和义务

《安全生产法》明确了从业人员的安全生产保障的8项权利，同时规定了从业人员的几种义务。《安全生产法》特别强调工会依法组织职工参加本单位安全生产工作的民主管理和民主监督，维护职工在安全生产方面的合法权益，并在第五十七条中做了明确规定：工会对生产经营单位违反安全生产法律、法规，侵犯从业人员合法权益的行为，有权要求纠正；发现生产经营单位违章指挥、强令冒险作业或者发现事故隐患时，有权提出解决的建议，生产经营单位应当及时研究答复；发现危及从业人员生命安全的情况时，有权向生产经营单位建议组织从业人员撤离危险场所，生产经营单位必须立即做出处理。工会有权依法参加事故调查，向有关部门提出处理意见，并要求追究有关人员的责任。

（4）安全生产的监督管理

《安全生产法》中，有关安全生产的监督管理内容共16条，规定了政府及有关部门的安全生产监督管理职责，也明确了社会公众以及新闻机构的监督职能。第七十一条规定任何单位或者个人对事故隐患或者安全生产违法行为，均有权向负有安全生产监督管理职责的部门报告或者举报。

居民委员会、村民委员会发现其所在区域内的生产经营单位存在事故隐患或者安全生产违法行为时，应当向当地人民政府或者有关部门报告。县级以上各级人民政府及其有关部门对报告重大事故隐患或者举报安全生产违法行为的有功人员，给予奖励。具体奖励办法由国务院安全生产监督管理部门会同国务院财政部门制定。

新闻、出版、广播、电影、电视等单位有进行安全生产公益宣传教育的义务，有对违反安全生产法律、法规的行为进行舆论监督的权利。

（5）生产安全事故的应急救援与调查处理

《安全生产法》有关生产安全事故的应急救援与调查处理方面内容共11条，对事故应急救援预案、应急救援体系的建立，以及对事故的报告和调查处理做了相应规定。并且规定：县级以上地方各级人民政府安全生产监督管理部门应当定期统计分析本行政区域内发生生产安全事故的情况，并定期向社会公布。

（6）法律责任

《安全生产法》确定了安全生产的法律责任，相关内容共24条，对违反法律法规的行为做出了明确的处罚规定，对象包括政府、生产监督管理部门以及生产经营单位等机构。

（7）附则

《安全生产法》在附则中对危险物品和重大危险源的含义以及事故分类做了进一步解释。

[相关链接]

新修订的《安全生产法》从强化安全生产工作的摆位、进一步落实生产经营单位主体责任政府安全监管定位和加强基层执法力量、强化安全生产责任追究四个方面入手，着眼于安全生产现实问题和发展要求，补充完善了相关法律制度规定，主要有以下10个方面的特点：

（1）坚持以人为本，推进安全发展

新法提出安全生产工作应当以人为本，充分体现了习近平总书记等中央领导同志关于安全生产工作一系列重要指示精神，在坚守发展决不能以牺牲人的生命为代价这条红线，牢固树立以人为本、生命至上的理念，正确处理重大险情和事故应急救援中"保财产"还是"保人命"问题等方面，具有重大现实意义。为强化安全生产工作的重要地位，明确安全生产在国民经济和社会发展中的重要地位，推进安全生产形势持续稳定好转，新法将坚持安全发展写入了总则。

（2）建立完善安全生产方针和工作机制

新法确立了"安全第一、预防为主、综合治理"的安全生产工作"十二字方针"，明确了安全生产的重要地位、主体任务和实现安全生产的根本途径。"安全第一"要求从事生产经营活动必须把安全放在首位，不能以牺牲人的生命、健康为代价换取发展和效益。"预防为主"要求把安全生产工作的重心放在预防上，强化隐患排查治理，"打非治违"，从源头上控制、预防和减少生产安全事故。"综合治理"要求运用行政、经济、法治、科技等多种手段，充分发挥社会、职工、舆论监督各个方面的作用，抓好安全生产工作。坚持"十二字方针"，总结实践经验，新法明确要求建立生产经营单位负责、职工参与、政府监管、行业自律、社会监督的机制，进一步明确各方安全生产职责。做好安全生产工作，落实生产经营单位主体责任是根本，职工参与是基础，政府监管是关键，行业自律是发展方向，社会监督是实现预防和减少生产安全事故目标的保障。

（3）强化"三个必须"，明确安全监管部门执法地位

按照"三个必须"（管行业必须管安全、管业务必须管安全、管生产经营必须管安全）的要求，一是新法规定国务院和县级以上地方人民政府应当建立、健全安全生产工作协调机制，及时协调、解决安全生产监督管理中存在的重大问题。二是新法明确国务院和县级以上地方人民政府安全生产监督管理部门实施综合监督管理，有关部门在各自职责范围内对有关行业、领域的安全生产工作实施监督管理，并将其统称为负有安全生产监督管理职责的部门。三是新法明确各级安全生产监督管理部门和其他负有安全生产监督管理职责的部门作为执法部门，依法开展安全生产行政执法工作，对生产经营单位执行法律、法规、国家标准或者行业标准的情况进行监督检查。

（4）明确乡镇人民政府以及街道办事处、开发区管理机构安全生产职责

乡镇街道是安全生产工作的重要基础，有必要在立法层面明确其安全生产职责，同时，针对各地经济技术开发区、工业园区的安全监管体制不顺、监管人员配备不足、事故隐患集中、事故多发等突出问题，新法明确：乡、镇人民政府以及街道办事处、开发区管理机构等地方人民政府的派出机关应当按照职责，加强对本行政区域内生产经营单位安全生产状况的监督检查，协助上级人民政府有关部门依法履行安全生产监督管理职责。

（5）进一步明确生产经营单位的安全生产主体责任

做好安全生产工作，落实生产经营单位主体责任是根本。新法把明确安全责任、发挥生产经营单位安全生产管理机构和安全生产管理人员作用作为一项重要内容，做出三个方面的重要规定：一是明确委托规定的机构提供安全生产技术、管理服务的，保证安全生产的责任仍然由本单位负责；二是明确生产经营单位的安全生产责任制的内容，规定生产经营单位应当建立相应的机制，加强对安全生产责任制落实情况的监督考核；三是明确生产经营单位的安全生产管理机构以及安全生产管理人员履行的7项职责。

（6）建立预防安全生产事故的制度

新法把加强事前预防、强化隐患排查治理作为一项重要内容：一是生产经营单位必须建立生产安全事故隐患排查治理制度，采取技术、管理措施及时发现并消除事故隐患，并向从业人员通报隐患排查治理情况的制度。二是政府有关部门要建立健全重大事故隐患治理督办制度，督促生产经营单位消除重大事故隐患。三是对未建立隐患排查治理制度、未采取有效措施消除事故隐患的行为，设定了严格的行政处罚。四是赋予负有安全监管职责的部门对拒不执行执法决定、有发生生产安全事故现实危险的生产经营单位依法采取停电、停供民用爆炸物品等措施，强制生产经营单位履行决定的权力。

（7）建立安全生产标准化制度

安全生产标准化是在传统的安全质量标准化基础上，根据当前安全生产工作的要求、企业生产工艺特点，借鉴国外现代先进安全管理思想，形成的一套系统的、规范的、科学的安全管理体系。2010年《国务院关于进一步加强企业安全生产工作的通知》（国发[2010]23号）、2011年《国务院关于坚持科学发展安全发展促进安全生产形势持续稳定好转的意见》（国发[2011]40号）均对安全生产标准化工作提出了明确的要求。近年来，矿山、危险化学品等高危行业企业安全生产标准化取得了显著成效，工贸行业领域的标准化工作正在全面推进，企业本质安全生产水平明显提高。结合多年的实践经验，新法在总则部分明确提出推进安全生产标准化工作，这必将对强化安全生产基础建设，促进企业安全生产水平持续提升产生重大而深远的影响。

（8）推行注册安全工程师制度

为解决中小企业安全生产"无人管、不会管"问题，促进安全生产管理队伍朝着专业化、职业化方向发展，国家自2004年以来连续10年实施了全国注册安全工程师执业资格统一考试，21.8万人取得了资格证书。截至2013年12月，已有近15万人注册并在生产经营单位和安全生产中介服务机构执业。新法确立了注册安全工程师制度，并从两个方面加以推进：一是危险物品的生产、储存单位以及矿山、金属冶炼单位应当有注册安全工程师从事安全生产管理工作，鼓励其他生产经营单位聘用注册安全工程师从事安全生产管理工作。二是建立注册安全工程师按专业分类管理制度，授权国务院有关部门制定具体实施办法。

（9）推进安全生产责任保险制度

新法总结近年来的试点经验，通过引入保险机制，促进安全生产，规定国家鼓励生产经营单位投保安全生产责任保险。安全生产责任保险具有其他保险所不具备的特殊功能和优势，一是增加事故救援费用和第三人（事故单位从业人员以外的事故受害人）赔付的资金来源，有助于减轻政府负担，维护社会稳定。目前有的地区还提供了一部分资金用于对事故死亡人员家属的补偿。二是有利于现行安全生产经济政策的完善和发展。三是通过保险费率浮动、引进保险公司参与企业安全管理，有效促进企业加强安全生产工作。

（10）加大对安全生产违法行为的责任追究力度

1）规定了事故行政处罚和终身行业禁入。第一，将行政法规的规定上升为法律条文，按照两个责任主体、四个事故等级，设立了对生产经营单位及其主要负责人的8项罚款处罚规定。第二，大幅提高对事故责任单位的罚款金额：一般事故罚款20万至50万元，较大事故50万至100万元，重大事故100万至500万元，特别重大事故500万至1 000万元；特别重大事故的情节特别严重的，罚款1 000万至2 000万元。第三，进一步明确主要负责人对重大、特别重大事故负有责任的，终身不得担任本行业生产经营单位的主要负责人。

2）加大罚款处罚力度。结合各地区经济发展水平、企业规模等实际，新法维持罚款下限基本不变、将罚款上限提高了2倍至5倍，并且大多数罚则不再将限期整改作为前置条件，反映了"打非治违"、"重典治乱"的现实需要，强化了对安全生产违法行为的震慑力，也有利于降低执法成本、提高执法效能。

3）建立了严重违法行为公告和通报制度。要求负有安全生产监督管理职责的部门建立安全生产违法行为信息库，如实记录生产经营单位的安全生产违法行为信息；对违法行为情节严重的生产经营单位，应当向社会公告，并通报行业主管部门、投资主管部门、国土资源主管部门、证券监督管理部门和有关金融机构。

[法律提示]

2002年6月29日，第九届全国人民代表大会常务委员会第28

次会议审议并通过了《安全生产法》，即日起公布，自2002年11月1日起实施，根据2014年8月31日第十二届全国人民代表大会常务委员会《中华人民共和国安全生产法》修正，新《安全生产法》自2014年12月1日起施行。《安全生产法》是全面规范我国安全生产工作的一部综合性大法。

14. 《职业病防治法》基本内容有哪些？

最新修订的《职业病防治法》共7章90条，主要包括第一章总则、第二章前期预防、第三章劳动过程中的防护与管理、第四章职业病诊断与职业病病人保障、第五章监督检查、第六章法律责任和第七章附则。以下为有关的部分重要内容：

（1）关于劳动者应当享受的权利

《职业病防治法》规定的劳动者应当享受的权利有：接受职业卫生教育、培训的权利；获得职业健康检查、职业病诊疗、康复等职业病防治服务的权利；了解工作场所产生或者可能产生的职业病危害因素、危害后果和应当采取的职业病防护措施的权利；要求用人单位提供符合防治职业病要求的职业病防护设施和防止职业病的防护用品，改善工作条件的权利；对违反职业病防治法律、法规以及危害生命健康的行为提出批评、检举和控告的权利；拒绝违章指挥和强令没有防护措施进行作

这是由企业来承担的，法律赋予我们获得职业健康检查的权利。

要花很多钱吧？

体检表

业的权利；参与用人单位职业卫生工作的民主管理，对职业病防治工作提出意见和建议的权利。

（2）用人单位的义务

劳动者应当享受的合法权利，用人单位应当履行法定义务。《职业病防治法》对此做了明确规定：健康保障义务，职业卫生管理义务，参加工伤保险的义务，职业危害报告义务，卫生防护义务，减少危害义务，职业危害监测义务，不转移危害的义务，职业危害告知义务，培训教育义务，健康监护义务，事故处理义务，对特殊劳动者的保护义务，举证义务，接受监督管理的义务，法律、法规规定的其他保障劳动者健康权利的义务。

（3）人民政府及其相关部门的责任

人民政府及其相关部门的职责和权利如下：监督管理职责，制定规划的职责，宣传教育职责，制定标准的职责，监督检查职责，采取临时控制事故措施的职责，严格遵守执法规范的职责，建立职业病危害项目申报制度并监督执行的职责，建立建设单位职业病危害预评价、建设项目职业病危害防护设施设计审查和竣工验收制度的职责，对职业卫生技术服务机构资质认证的职责，对从事放射、高毒等作业实行特殊管理的职责，建立发现职业病病人或者疑似职业病病人的报告和处理制度的职责，组织职业病诊断鉴定的职责。

[相关链接]

新的《职业病防治法》对执法主体及相关职责，政府与用人单位的责任等做了调整，具有以下特点：

（1）执法主体的调整

执法主体由原来的县级以上地方人民政府卫生行政部门调

整为：县级以上地方人民政府安全生产监督管理部门、卫生行政部门、劳动保障行政部门，统称职业卫生监督管理部门，依据各自职责，负责本行政区域内职业病防治的监督管理工作。并明确职责如下：

1）安全生产监督管理部门：承担对用人单位工作场所监管以及违反法律、法规的单位及个人作出行政处罚；职业病危害项目申报；建设项目职业病危害分类管理办法的制定以及对建设项目职业病危害预评价审查、职业病防护措施设计审核、组织建设项目职业病防护设施竣工验收；对职业卫生技术服务机构以及建设项目职业病危害预评价、职业病危害控制效果评价的资质认可；对职业卫生技术服务机构进行日常监管；组织并会同相关部门对职业病危害事故进行调查处理；监督用人单位为劳动者申请职业病诊断、鉴定所需的职业史、职业病危害接触史、工作场所职业病危害因素检测结果等相关资料；对劳动者在申请职业病诊断、鉴定中对职业史、职业病的危害接触史及劳资关系等有异议时进行判定。

2）卫生行政部门：承担制定职业病的分类目录、职业卫生及职业病诊断标准，开展重点职业病监测专项调查和职业健康风险评估；对本行政区域职业病情况进行统计，调查分析以及职业病统计报告调查工作；职业健康检查机构及职业病诊断机构的认定；职业病危害事故的医疗救治；组织职业病诊断鉴定；对用人单位及医疗机构未按规定报告职业病、疑似职业病以及承担职业健康检查、职业病诊断鉴定机构的违法行为进行处罚；对医疗机构放射性职业病危害控制进行监督管理。

3）劳动保障行政部门：承担对用人单位与劳动者劳资关系、工种、工作岗位的仲裁；会同卫生行政部门制定职业病伤残等级鉴定办法。

（2）强化了县级以上人民政府对职业病防治工作的职责

规定了县级以上地方人民政府统一负责、领导、组织、协调本行政区域的职业病防治工作，建立、健全职业病防治工作体制，统一领导、指挥职业卫生突发事件应对工作，加强职业病防治能力建设和服务体系建设，完善、落实职业病防治工作责任制。

（3）进一步明确了工会对职业病防治监管的职能

规定工会组织依法对职业病防治工作进行监督，维护劳动者的合法权益。用人单位制定或者修改有关职业病防治规章制度，应当听取工会组织的意见。工会组织有权依法代表劳动者与用人单位签订劳动安全卫生专项集体合同。

（4）强化了用人单位履行职业病防治法的职责

规定用人单位的主要负责人对本单位的职业病防治工作全面负责。建立完善用人单位负责、行政机关监管、行业自律、职业参与和社会监督的机制。

（5）进一步方便了劳动者申请职业病诊断与鉴定

明确了劳动者可在用人单位所在地、本人户籍所在地或者经常居住地，向依法承担职业病诊断机构申请进行职业病诊断；在职业病诊断、鉴定过程中，用人单位不提供工作场所职业病危害因素检测结果等相关资料的，诊断鉴定机构也可结合劳动者的临床表现、辅助检查结果和劳动者的职业史、职业病危害接触史，并参考劳动者的自述及安监部门提供的日常监督检查等信息做出职业病诊断鉴定结论；职业病诊断、鉴定机构需要了解工作场所职业病危害因素情况时，可以对工作场所进行现场调查，也可以向安全生产监督管理部门提出，安全生产监督管理部门应当在10日内组织现场调查。用人单位不得拒绝、阻挠。劳动者对用人单位提供的工作场所职业病危害因素检测结果等资料有异议或因用人单位解散、破产无法提供相关资料的，诊断鉴定机构可提请安全生产监督管理部门进行调查，安全生产监督管理部门自接到申请之日起30日内应对存在异议资料或作业场所危害因素情况做出判定，有关部门应予配合；职业病诊断鉴定过程中，在确认劳动者职业史、工种、工作岗位或在岗时间有争议的可以向当地劳动人事争议仲裁机构申请仲裁，劳动人事争议仲裁委员会应当于受理之日起30日内做出裁决，劳动者对仲裁不服的，还可依法向人民法院提起诉讼。

（6）被诊断为职业病患者，其医疗及生活更有保障

劳动者被诊断患有职业病，但用人单位没有参加工伤保险的，其医疗和生活保障由该用人单位承担。用人单位已经不存在或无法确认劳动关系的职业病人，可以向地方人民政府民政部门申请医疗救治和生活等方面的求助。

（7）建设项目职业病危害预评价及职业病危害严重项目职业病防护设施设计将得到相关部门的严格把关

新《职业病防治法》明确了该项目除安全生产监督部门负责监管、审批外，同时还规定了对未开展职业病危害预评价的建设项目给予批准以及对未经职业病防护设施设计审查发放施工许可的有关部门直接负责的主管人员和其他直接负责人员，将由监察机关或上级机关依法给予记过直至开除的处分。这样就促使相关企业能认真负责以对存在职业病危害的新建、改建、扩建的项目能按要求开展职业病危害预评价，属职业病危害严重的建设项目，能进行职业病防护设施设计审查。

（8）加大了对用人单位某些违法行为的处罚力度

对未成立职业病防治机构、未建立相关职业卫生制度、未公布有关职业卫生规章制度、操作规程及职业病危害事故应急

救援措施的、检测结果未予公布、未组织劳动者进行职业卫生培训以及未按规定报送首次使用化学材料的毒性鉴定资料的，从原来处2万元以下的罚款提高到10万元以下的罚款；对未申报职业病危害项目、无专人负责职业病危害因素日常检测以致不能正常开展检测工作、签订或变更劳动合同未告知职业病危害真实情况、未按规定组织劳动者进行职业健康检查、未建立健康档案或未将体检结果告知劳动者的，从原来处2万元以上5万元以下的罚款提高到5万元以上10万元以下的罚款；对用人单位违反本法规定已经对劳动者生命健康造成严重损害的，从原来处10万元以上30万元以下的罚款改为10万元以上50万元以下的罚款。

　　[法律提示]

　　2001年10月27日，第九届全国人民代表大会常务委员会第24次会议通过了《职业病防治法》，2001年10月27日中华人民共和国主席令第60号公布，自2002年5月1日起施行。2011年12月31日，《全国人民代表大会常务委员会关于修改〈中华人民共和国职业病防治法〉的决定》已由中华人民共和国第十一届全国人民代表大会常务委员会第二十四次会议通过，中华人民共和国主席令第52号予以公布，自公布之日起施行。《职业病防治法》是全面预防、控制和消除职业病危害，防治职业病，保护劳动者健康及其相关权益的一部综合性大法。

安全生产监督与监察

15. 我国现行的安全生产管理体制是什么？

我国的安全生产监督管理的体制是：综合监管与行业监管相结合、国家监察与地方监管相结合、政府监督与其他监督相结合的格局。国务院安全生产监督管理部门依照《安全生产法》，对全国安全生产工作实施综合监督管理；县级以上地方各级人民政府安全生产监督管理部门依照《安全生产法》，对本行政区域内安全生产工作实施综合监督管理。

国务院有关部门依照《安全生产法》和其他有关法律、行政法规的规定，在各自的职责范围内对有关行业、领域的安全生产工作实施监督管理；县级以上地方各级人民政府有关部门依照《安全生产法》和其他有关法律、法规的规定，在各自的职责范围内对有关行业、领域的安全生产工作实施监督管理。

安全生产监督管理部门和对有关行业、领域的安全生产工作实施监督管理的部门，统称负有安全生产监督管理职责的部门。

我国的安全生产管理体制具体表现在：

不好，我们厂被媒体曝光了！

（1）县级以上地方各级人民政府的监督管理。

（2）负有安全生产监督管理职责的部门的监督管理。

（3）监察机关的监督。

（4）工会、基层群众性组织的监督。

（5）新闻媒体的监督。

（6）社会公众的监督。

（7）有关协会组织依照法律、行政法规和章程，为生产经营单位提供安全生产方面的信息、培训等服务，发挥自律作用，促进生产经营单位加强安全生产管理。

[相关链接]

安全生产监督监察的基本特征是：权威性；强制性；普遍约束性。

我国安全生产监督管理的基本原则主要是：

（1）坚持"有法必依、执法必严、违法必究"的原则。

（2）坚持以事实为依据，以法律为准绳的原则。

（3）坚持预防为主的原则。

（4）坚持行为监察与技术监察相结合的原则。

（5）坚持监察与服务相结合的原则。

（6）坚持教育与惩罚相结合的原则。

16. 安全生产监督管理的方式有哪些？

（1）事前的监督管理

有关安全生产许可事项的审批，包括安全生产许可证、经营许可证、矿长资格证、生产经营单位主要负责人安全资格证、安全管理人员安全资格证、特种作业人员操作资格证等。

（2）事中的监督管理

事中的监督管理分行为监察和技术监察两个方面。

（3）事后的监督管理

安全生产事故发生后的应急救援，以及调查处理，查明事故原因，严肃处理有关责任人，提出防范措施。

负有安全生产监督管理职责的部门依法对存在重大事故隐患的生产经营单位做出停产停业、停止施工、停止使用相关设施或者设备的决定，生产经营单位应当依法执行，及时消除事故隐患。生产经营单位拒不执行，有发生生产安全事故的现实危险的，在保证安全的前提下，经本部门主要负责人批准，负有安全生产监督管理职责的部门可以采取通知有关单位停止供电、停止供应民用爆炸物品等措施，强制生产经营单位履行决定。通知应当采用书面形式，有关单位应当予以配合。

[相关链接]

安全监察是为了督促用人单位按照安全生产法律、法规和标准从事生产经营活动。安全生产监察程序是指监督检查活动的步骤和顺序，一般包括：监察准备；调查用人单位执行安全生产法律、法规及标准的情况；调查作业现场；提出意见或建议；发出《安全生产监察指令书》或《安全生产处罚决定书》。

17. 法律、法规确定有哪些安全生产监督管理内容？

我国法律、法规确定了安全生产监督管理的内容，主要包括以下几个方面：

（1）安全管理和技术的监督管理。

（2）机构和安全教育培训的监督管理。

（3）隐患排查与治理方面的监督管理。

（4）伤亡事故调查和事故应急救援方面的监督管理。

（5）职业危害的监督管理。

（6）对女职工和未成年工特殊保护方面的监督管理。

（7）行政许可方面的监督管理。

负有安全生产监督管理职责的部门应当建立举报制度，公开举报电话、信箱或者电子邮件地址，受理有关安全生产的举报；受理的举报事项经调查核实后，应当形成书面材料；需要落实整改措施的，报经有关负责人签字并督促落实。

[相关链接]

行政许可方面的监督管理包括：对涉及有关安全生产的事项需要审查批准的，是否严格依照规定的安全生产条件和程序进行审查并加强监督检查。

18. 安全生产监督管理的基本特征有哪些？

（1）权威性

国家安全生产监督管理的权威性来源于法律的授权。法律是由国家的最高权力机关全国人民代表大会制定和认可的，它体现的是国家意志。

（2）强制性

国家的法律都必然要求由国家强制力来保证其实施。各级人民政府有关部门对安全生产工作实施的综合监督管理和专项监督管理，由于是依法行使监督管理权，因此以国家强制力作为后盾。

不要抱有侥幸心理了，《安全生产法》是具有普遍约束力的。

（3）普遍约束性

所有在中华人民共和国领域内从事生产经营活动的单位，凡涉及安全生产方面的工作，都必须接受这种统一的监督管理，履行《安全生产法》所规定的职责，不允许存在超越于法律之上的或逃避、抗拒《安全生产法》所规定的监督管理。这种普遍约束性，实际上就是法律的普遍约束力在安全生产工作中的具体体现。

[法律提示]

《安全生产法》第一章总则第一条规定：在中华人民共和国领域内从事生产经营活动的单位的安全生产，适用本法；有关法律、行政法规对消防安全和道路交通安全、铁路交通安全、水上交通安全、民用航空安全另有规定的，适用其规定。

19. 安全生产监督管理的基本原则是什么？

（1）坚持"有法必依、执法必严、违法必究"的原则。

（2）坚持以事实为依据，以法律为准绳的原则。

（3）坚持预防为主的原则。

（4）坚持行为监察与技术监察相结合的原则。

（5）坚持监察与服务相结合的原则。

（6）坚持教育与惩罚相结合的原则。

[知识学习]

　　生产经营单位是安全生产的主体，而加强外部的监督和管理也是安全生产的重要保证。安全生产除政府监督管理之外，其他力量的监督也具有十分重要的意义，如新闻媒体、公众舆论等。

20. 安全生产监督管理部门应该如何处理发现的事故隐患？

　　根据法律规定，负有安全生产监督管理职责的部门对检查中发现的事故隐患，应当责令立即排除；重大事故隐患排除前或者排除过程中无法保证安全的，应当责令从危险区域内撤出作业人员，责令暂时停产停业或者停止使用；重大事故隐患排查之后，经审查同意，方可恢复生产经营和使用。

事故隐患排查了，经审查同意可以继续使用。

　　对生产经营单位的现场检查，由安全生产监督管理人员履行。对于一般事故隐患，安全生产监督管理人员可直接责令立即排除；对于重大事故隐患，可责令立即排除，做出停产停业或停止生产使用决定的，要向行政执法部门报告。实际操作可根据实际情况确定。

　　重大事故隐患排除后，负有安全生产监督管理职责的部门应当对隐患排查情况和安全生产条件依法进行审查，经审查同意后，才能恢复生产经营或者使用相关的设备、器材等。

[知识学习]

　　"责令暂时停产停业"只是一种临时性的行政强制措施，而不是正式的行政处罚，因此不需要经过行政处罚规定的有关程序。

21. 什么是安全生产监察机制？

　　除了综合监督管理与行业监督管理之外，针对某些危险性较高的特殊领域，国家为了加强安全生产监督管理工作，专门建立了国家监察机制。如煤矿产业，国家专门建立了垂直管理的煤矿安全监察机构。国家设立煤矿安全监察局，有关省设立省级煤矿安全监察局，省级煤矿安全监察局下设分局，监察机构与地方政府没有任何关系，财、权、物全部由中央负责，避免实行监察过程中受地方政府干扰。

[相关链接]

　　煤矿安全生产管理比较特殊，实行的是国家监察与地方监督管理相结合的方式。还有其他情况，如交通部门的水上监督管理，一方面有交通部海事局设立垂直监督管理机构，如长江重要水域都设立的港务局，直接由海事局领导；另一方面有些水上监督管理机构，行政上归地方政府领导，业务上归海事局指导，实行垂直与分级相结合的监督管理方式。特种设备的监察实行省级以下垂直管理的体制。

22. 安全生产监察的方式有哪些?

安全生产监察的方式主要包括两个方面：

（1）行为监察

行为监察的内容主要包括监督检查用人单位安全生产的组织管理、规章制度建设、职工教育培训、各级安全生产责任制的实施等工作。其目的和作用在于提高用人单位各级管理人员和普通职工的安全意识，落实安全措施，

培训部

你们的职工教育培训搞得还是不错的。

对违章操作、违反劳动纪律的不安全行为，严肃纠正和处理。

（2）技术监察

技术监察是对物质条件的监督检查，包括对新建、扩建、改建和技术改造工程项目的"三同时"监察；对用人单位现有防护措施与设施完好率、使用率的监察；对个人防护用品的质量、配备与作用的监察；对危险性较大的设备、危害性较严重的作业场所和特殊工种作业的监察等。其特点是专业性强，技术要求高。技术监察多从设备的本质安全入手。

[相关链接]

安全生产国家监察的方式有一般监察和专门监察，每种监察中都包括行为监察和技术监察。

23. 我国煤矿安全监察体制是什么样的?

我国的煤矿安全监察实行垂直管理、分级监察的管理体制。煤矿安全监察机关是负责煤矿安全监察工作的行政执法机构，依法对地方各级人民政府和煤矿履行国家监察职责。

我国煤矿安全监察具体的机构设置是：国家安全生产监督管理总局下设国家煤矿安全监察局，国家煤矿安全监察局下设25个省级（自治区、直辖市）煤矿安全监察局和两个安全监察分局。设在地方的煤矿安全监察局由国家安全生产监督管理总局领导，国家煤矿安全监察局负责业务管理。

省级（自治区、直辖市）煤矿安全监察局可在大中型矿区设立安全监察分局，作为其派出机构。

[相关链接]

我国煤矿安全监察体制有三大主要特点：

（1）加强执法监督，由国家对煤矿安全实行监察。

（2）实行政企分开，按精简、统一、效能原则，改革现行煤矿安全监察体制。

（3）把安全管理和安全监察分开，实行垂直管理。

24. 国家煤矿安全监察局的主要职责是什么?

（1）研究煤矿安全生产工作的方针、政策，参与起草有关煤矿安全生产的法律、法规，拟定煤矿安全生产规章、规程和安全标准，提出煤矿安全生产规划和目标。

（2）按照国家监察、地方监督管理、企业负责的原则，依法行使国家煤矿安全监察职权。

（3）组织或参与煤矿重大、特大和特别重大事故调查处理，负责全国煤矿事故与职业危害的统计分析，发布全国煤矿安全生产信息。

一定要把事故原因查清楚。

（4）指导煤矿安全生产科研工作，组织对煤矿使用的设备、材料、仪器仪表的安全监察工作。

（5）负责煤矿安全生产许可证的颁发管理和矿长安全资格、煤矿特种作业人员（含煤矿矿井使用的特种设备作业人员）的培训发证工作。

（6）组织煤矿建设工程安全设施的设计审查和竣工验收，对不符合安全生产标准的煤矿企业进行查处。

（7）检查指导地方煤矿安全监督管理工作，督促地方煤矿贯彻落实煤矿安全生产法律、法规、标准，关闭不具备安全生产条件的矿井。对煤矿安全监督检查执法，煤矿安全生产专项整治、事故隐患整改及复查，煤矿事故责任人的责任追究落实等情况进行监督检查，并向有关地方人民政府及其有关部门提出意见和建议。

（8）组织、指导和协调煤矿应急救援工作。

（9）承办国务院、国务院安全生产委员会及国家安全生产监督管理总局交办的其他事项。

[相关链接]

煤矿安全监察员是国家公务员，履行国家煤矿安全监察职责，具有明确的法律地位，受法律保护和约束。每个煤矿安全监察员都必须符合《煤矿安全监察条例》规定的条件，按法定程序经考核、考试录用。煤矿安全监察员必须公道、正派，熟悉煤矿安全法律、法规和规章，具有相应的专业知识和相关的工作经验，并且赋予其相应职责和权力。

25. 特种设备安全生产监察的体制是什么？

特种设备安全工作应当坚持安全第一、预防为主、节能环保、综合治理的原则，国家对特种设备的生产、经营、使用，实施分类的、全过程的安全监督管理。国务院负责特种设备安全监督管理的部门对全国特种设备安全实施监督管理，县级以上地方各级人民政府负责特种设备安全监督管理的部门对本行政区域内特种设备安全实施监督管理。目前，我国安全生产监督管理实行的是综合监督管理与专项安全监察相结合的工作体制，国家对特种设备就

是实行专项安全监察体制。国务院、省（自治区、直辖市）、市（地）以及经济发达县的质检部门设立特种设备安全监察机构。

《特种设备安全法》规定：特种设备的生产（包括设计、制造、安装、改造、修理）、经营、使用、检验、检测和特种设备安全的监督管理，国家对特种设备实行目录管理。特种设备目录由国务院负责特种设备安全监督管理的部门制定，报国务院批准后执行。

特种设备生产、经营、使用单位应当遵守本法和其他有关法律、法规，建立、健全特种设备安全和节能责任制度，加强特种设备安全和节能管理，确保特种设备生产、经营、使用安全，符合节能要求。特种设备生产、经营、使用、检验、检测应当遵守有关特种设备安全技术规范及相关标准。特种设备安全技术规范和目录由国务院负责特种设备安全监督管理的部门制定。

国家在特种设备安全监督管理部门内设立特种设备安全监察局，各省、自治区、直辖市在特种设备安全监督管理部门内设有特种设备安全监察处，各地市设安全监察科，工业发达的县或县级市设安全股。各地建立压力容器检验所和特种设备检验所。

[相关链接]

特种设备是指对人身和财产安全有较大危险性的锅炉、压力容器（含气瓶）、压力管道、电梯、起重机械、客运索道、大型游乐设施、场（厂）内专用机动车辆，以及法律、行政法规规定适用《特种设备安全法》的其他特种设备。特种设备的安全使用，事关人民群众的生命与财产安全，事关社会稳定的大局。

我国对特种设备实行安全监察制度，它具有强制性、体系性及责任追究性的特点，主要包括特种设备安全监察管理体制、行政许可、监督检查、事故处理和责任追究等内容。

 [法律提示]

《中华人民共和国特种设备安全法》由中华人民共和国第十二届全国人民代表大会常务委员会第3次会议于2013年6月29日通过，2013年6月29日中华人民共和国主席令第4号公布。《特种设备安全法》分总则，生产、经营、使用，检验、检测，监督管理，事故应急救援与调查处理，法律责任，附则共7章101条，自2014年1月1日起施行。

特种设备安全法突出了特种设备生产、经营、使用单位的安全主体责任，明确规定：在生产环节，生产企业对特种设备的质量负责；在经营环节，销售和出租的特种设备必须符合安全要求，出租人负有对特种设备使用安全管理和维护保养的义务；在事故多发的使用环节，使用单位对特种设备使用安全负责，并负有对特种设备的报废义务，发生事故造成损害的依法承担赔偿责任。

26. 特种设备安全监察机构的主要职责有哪些?

（1）负责特种设备安全监督管理的部门依照《特种设备安全法》规定，对特种设备生产、经营、使用单位和检验、检测机构实施监督检查。负责特种设备安全监督管理的部门应当对学校、幼儿园以及医院、车站、客运码头、商场、体育场馆、展览馆、公园等公众聚集场所的特种设备，实施重点安全监督检查。

（2）负责特种设备安全监督管理的部门实施《特种设备安全法》规定的许可工作，应当依照本法和其他有关法律、行政法规规定的条件和程序以及安全技术规范的要求进行审查；不符合规定的，不得许可。

你没有特种设备操作资格证，不准操作。

（3）负责特种设备安全监督管理的部门在办理《特种设备安全法》规定的许可时，其受理、审查、许可的程序必须公开，并应当自受理申请之日起30日内，做出许可或者不予许可的决定；不予许可的，应当书面向申请人说明理由。

（4）负责特种设备安全监督管理的部门对依法办理使用登记的特种设备应当建立完整的监督管理档案和信息查询系统；对达到报废条件的特种设备，应当及时督促特种设备使用单位依法履行报废义务。

（5）负责特种设备安全监督管理的部门在依法履行职责过程中，发现违反特种设备安全法规定和安全技术规范要求的行为或者特种设备存在事故隐患时，应当以书面形式发出特种设备安全监察指令，责令有关单位及时采取措施予以改正或者消除事故隐患。紧急情况下要求有关单位采取紧急处置措施的，应当随后补发特种设备安全监察指令。

（6）负责特种设备安全监督管理的部门在依法履行职责

过程中，发现重大违法行为或者特种设备存在严重事故隐患时，应当责令有关单位立即停止违法行为、采取措施消除事故隐患，并及时向上级负责特种设备安全监督管理的部门报告。接到报告的负责特种设备安全监督管理的部门应当采取必要措施，及时予以处理。对违法行为、严重事故隐患的处理需要当地人民政府和有关部门的支持、配合时，负责特种设备安全监督管理的部门应当报告当地人民政府，并通知其他有关部门。当地人民政府和其他有关部门应当采取必要措施，及时予以处理。

[法律提示]

自2009年5月1日起施行的新修改的《特种设备安全监察条例》，是一部全面规范锅炉、压力容器（含气瓶）、压力管道、电梯、客运索道、大型游乐设施、起重机械和场（厂）内专用机动车辆等特种设备的生产（含设计、制造、安装、改造、维修）、使用、检验、检测及其安全监察的专门法规，是我国特种设备安全监察制度的法律保障，为特种设备安全监察工作的法制化、科学化奠定了基础。

27. 特种设备安全监察人员主要有哪些职责?

负责特种设备安全监督管理的部门在依法履行监督检查职责时，可以行使下列职权：

（1）进入现场进行检查，向特种设备生产、经营、使用单位和检验、检测机构的主要负责人和其他有关人员调查、了解有关情况。

（2）根据举报或者取得的涉嫌违法证据，查阅、复制特种设备生产、经营、使用单位和检验、检测机构的有关合同、发

票、账簿以及其他有关资料。

（3）对有证据表明不符合安全技术规范要求或者存在严重事故隐患的特种设备实施查封、扣押。

（4）对流入市场的达到报废条件或者已经报废的特种设备实施查封、扣押。

（5）对违反特种设备安全法规定的行为作出行政处罚决定。

欢迎参加我们的特种设备安全技术规程研讨会。

不客气。

（6）负责特种设备安全监督管理的部门的安全监察人员应当熟悉相关法律、法规，具有相应的专业知识和工作经验，取得特种设备安全行政执法证件。特种设备安全监察人员应当忠于职守、坚持原则、秉公执法。负责特种设备安全监督管理的部门实施安全监督检查时，应当有两名以上特种设备安全监察人员参加，并出示有效的特种设备安全行政执法证件。

（7）负责特种设备安全监督管理的部门及其工作人员不得推荐或者监制、监销特种设备；对履行职责过程中知悉的商业秘密负有保密义务。

 [相关链接]

负责特种设备安全监督管理的部门对特种设备生产、经营、使用单位和检验、检测机构实施监督检查，应当对每次监督检查的内容、发现的问题及处理情况做出记录，并由参加监督检查的特种设备安全监察人员和被检查单位的有关负责人签字后归档。被检查单位的有关负责人拒绝签字的，特种设备安全监察人员应当将情况记录在案。

企业安全生产检查

28. 什么是安全生产检查?

安全生产检查是指对生产过程及安全生产管理中可能存在的隐患、有害与危险因素、缺陷等进行查证,以确定隐患或有害与危险因素、缺陷的存在状态,以及它们转化为事故的条件,以便制定整改措施,消除隐患和有害与危险因素,确保生产安全。

安全生产检查是安全生产管理工作的重要内容,是消除隐患、防止事故发生、改善劳动条件的重要手段。通过安全生产检查可以发现生产经营单位生产过程中的危险因素,以便有计划地采取纠正措施,保证生产的正常进行和安全。

[法律提示]

《安全生产法》第三十八条规定:生产经营单位应当建立、健全生产安全事故隐患排查治理制度,采取技术、管理措施,及时发现并消除事故隐患。事故隐患排查治理情况应当如实记录,并向从业人员通报。

县级以上地方各级人民政府负有安全生产监督管理职责的部门应当建立、健全重大事故隐患治理督办制度,督促生产经营单位消除重大事故隐患。

第四十三条规定:生产经营单位的安全生产管理人员应当根据本单位的生产经营特点,对安全生产状况进行经常性检查;对检查中发现的安全问题,应当立即处理;不能处理的,应当及时报告本单位有关负责人，有关负责人应当及时处理。检查及处理情况应当如实记录在案。

生产经营单位的安全生产管理人员在检查中发现重大事故隐患，依照前款规定向本单位有关负责人报告，有关负责人不及时处理的，安全生产管理人员可以向主管的负有安全生产监督管理职责的部门报告，接到报告的部门应当依法及时处理。

29. 安全生产检查有哪几种常见类型？

（1）常规检查

常规检查是指由安全生产管理人员作为检查工作的主体，到作业场所的现场，通过感官或简单的工具、仪表等，对作业人员的行为、作业场所的环境条件、生产设备与设施等进行的定性检查。这种方法完全依靠安全检查人员的经验和能力，检查的结果直接受安全检查人员个人素质的影响。因此，对安全检查人员要求较高。

（2）安全检查表法

为使检查工作更加规范，使个人的行为对检查结果的影响减少到最小，常采用安全检查表法。安全检查表（SCL）是为了系统地找出系统中的不安全因素，事先把系统加以剖析，列出各层次的不安全因素，确定检查项目。把检查项目按系统

一定要定期进行安全检查。

的组成顺序编制成表，以便进行检查或评审，这种表就叫作安全检查表。安全检查表是进行安全检查，发现和查明各种危险和隐患、监督各项安全规章制度的实施，及时发现事故隐患并制止违章行为的一个有力工具。安全检查表应列举需查明的所有可能会导致事故的不安全因素，每个检查表均需注明检查时间、检查者、直接负责人等，以便分清责任。安全检查表的设计应做到系统、全面，检查项目应明确。

（3）仪器检查法

机器、设备内部的缺陷及作业环境条件的真实信息或定量数据，只能通过仪器检查法来进行定量化的检验与测量，才能发现安全隐患，从而为后续整改提供信息。因此必要时需要实施仪器检查。由于被检查对象不同，检查所用的仪器和手段也不同。

[相关链接]

安全检查工作一般包括以下几个步骤：

（1）安全检查准备

准备内容包括：

1）确定检查对象、目的、任务。

2）查阅、掌握有关法规、标准、规程的要求。

3）了解检查对象的工艺流程、生产情况、可能出危险危害的情况。

4）制订检查计划，安排检查内容、方法、步骤。

5）编写安全检查表或检查提纲。

6）准备必要的检测工具、仪器、书写表格或记录本。

7）挑选和训练检查人员，并进行必要的分工等。

（2）实施安全检查

实施安全检查就是通过访谈、查阅文件和记录、现场检查、仪器测量的方式获取信息。

1）访谈。与有关人员谈话来了解相关部门、岗位执行规章制度的情况。

2）查阅文件和记录。检查设计文件、作业规程、安全措施、责任制度、操作规程等是否齐全，是否有效；查阅相应记录，判断上述文件是否被执行。

3）现场检查。到作业现场寻找不安全因素、事故隐患、事故征兆等。

4）仪器测量。利用一定的检测检验仪器设备，对在用的设施、设备、器材状况及作业环境条件等进行测量，以发现隐患。

（3）通过分析作出判断

掌握情况（获得信息）之后，就要进行分析、判断和检验。可凭经验、技能进行分析、判断，必要时可以通过仪器、检验得出正确结论。

（4）及时做出决定进行处理

作出判断后应针对存在的问题做出采取措施的决定，即通过下达隐患整改意见和要求，包括要求进行信息的反馈。

（5）实现安全检查工作闭环

通过复查整改落实情况，获得整改效果的信息，以实现安全检查工作的闭环。

30. 安全生产检查的内容有哪些？

安全生产检查是班组安全管理工作的重要内容，是消除隐患、防止事故发生、改善劳动条件的重要手段。通过安全检查可以发现生产班组作业现场在生产过程中的危险因素，以便有计划地制定纠正措施，保证生产安全。安全生产检查主要包括以下几个方面的内容：

（1）软件系统检查

1）查思想。检查各级管理人员对安全生产的认识，对安全生产方针、政策、法律、规程的理解和贯彻的情况。

2）查管理。检查安全管理工作的实施情况，如安全生产责任制、各项规章制度和档案是否健全，安全教育、安全技术措施、伤亡事故管理的实施情况。

3）查隐患。通过检查劳动条件、生产设备、安全卫生设施是否符合要求以及职工在生产中是否存在不安全行为和事故隐患。

4）查事故处理。对发生的事故车间是否及时报告、认真调查、严肃处理；是不是按"四不放过"（事故原因没有查清楚不放过；事故责任者没有处理不放过；广大职工没有受到教育不放过；防范措施没有落实不放过）的要求处理事故；有没有采取有效措施，防止类似事故重复发生。

（2）硬件系统检查

1）查生产设备、查辅助设施、查安全设施、查作业环境。

2）对于危险性大、事故危害大的生产系统、部位、装置、设备一般应重点检查的内容有：易燃易爆危险物品、剧毒品、承压设备、起重设备、运输设备、冶炼设备、电气设备、冲压机械，本企业易发生工伤、火灾、爆炸等事故的设备、工种、场所及其作业人员，造成职业中毒或职业病的尘毒产生点及其作业人员，直接管理重要危险点和有害点的部门及其负责人。

3）对非矿山企业要求强制性检查的项目有：特种设备、升降机、防爆电气、厂内机动车辆、客运索道、游艺机及游乐设施等，作业场所的粉尘、噪声、振动、辐射、高温、低温、有毒物质的浓度等。

4）对矿山企业要求强制性检查的项目有：矿井风量、风质、风速及井下温度、湿度、噪声；瓦斯、粉尘，提升、运输、装载、通风、排水、瓦斯抽放、压缩空气和起重设备，各种防爆电气、电气安全保护装置，矿灯、钢丝绳，瓦斯、粉尘及其他有毒有害物质检测仪器、仪表，自救器、救护设备，安全帽、防尘口罩或面罩、防护服、防护鞋、防噪声耳塞、耳罩等。

[相关链接]

安全检查主要有以下几种类型：

（1）定期安全检查

定期安全检查一般是通过有计划、有组织、有目的的形式来实现的。如次/年、次/季、次/月、次/周等。检查周期根据各单位实际情况确定。定期检查的面广，有深度，能及时发现并解决问题。

（2）经常性安全检查

经常性安全检查则是采取个别的、日常的巡视方式来实现的。在施工（生产）过程中进行经常性的预防检查，能及时发现隐患，及时消除，保证施工（生产）正常进行。

（3）季节性及节假日前安全检查

由各级生产单位根据季节变化，按事故发生的规律对易发的潜在危险，突出重点进行季节检查。如冬季防冻保温、防火、防煤气中毒；夏季防暑降温、防汛、防雷电等检查。

由于节假日（特别是重大节日，如元旦、春节、劳动节、国庆节）前后容易发生事故，因而应进行有针对性的安全检查。

（4）专业（项）安全检查

专项安全检查是对某个专项问题或在施工（生产）中存在的普遍性安全问题进行的单项定性检查。

对危险较大的在用设备、设施，作业场所环境条件的管理性或监督性定量检测检验则属专业性安全检查。专项检查具有较强的针对性和专业要求，用于检查难度较大的项目。通过检查，发现潜在问题，研究整改对策，及时消除隐患，进行技术改造。

（5）综合性安全检查

一般是由主管部门对下属各企业或生产单位进行的全面综合性检查，必要时可组织进行系统的安全性评价。

（6）不定期的职工代表巡视安全检查

由企业或车间工会负责人负责组织有关专业技术特长的职工代表进行巡视安全检查。重点查国家安全生产方针、法规的贯彻执行情况；查单位领导干部安全生产责任制的执行情况；查工人安全生产权利的执行情况；查事故原因、隐患整改情况；并对责任者提出处理意见。此类检查可进一步强化各级领导安全生产责任制的落实，促进职工劳动保护合法权利的维护。

31. 如何确定安全生产检查的内容?

安全生产检查对象的确定应本着突出重点的原则,对于危险性大、易发事故、事故危害大的生产系统、部位、装置、设备等应加强检查。一般应重点检查:

(1)易造成重大损失的易燃易爆危险物品、剧毒品、锅炉、压力容器、起重机械、运输机械、冶炼设备、电气设备、冲压机械、高处作业和本企业易发生工伤、火灾、爆炸等事故的设备、工种、场所及其作业人员。

(2)易造成职业中毒或职业病的尘毒点及其作业人员。

(3)直接管理重要危险点和有害点的部门及其负责人。

[相关链接]

安全生产检查是发现危险因素的手段,安全整改是为了采取措施消除危险因素,以保证安全生产。因此,要认真贯彻"边检查、边整改"的原则。

32. 国家规定对非矿山企业强制性检查的项目有哪些?

对非矿山企业,国家有关规定要求强制性检查的项目有:锅炉、压力容器、压力管道、高压医用氧舱、起重机、电梯、自动扶梯、

我们要对你们的厂内机动车辆进行强制检查。

施工升降机、简易升降机、防爆电气、厂内机动车辆、客运索道、游艺机及游乐设施等，作业场所的粉尘、噪声、振动、辐射、高温、低温、有毒物质的浓度等。

[法律提示]

《特种设备安全监察条例》第二十七条规定：特种设备使用单位应当对在用特种设备进行经常性日常维护保养，并定期自行检查。

特种设备使用单位对在用特种设备应当至少每月进行一次自行检查，并做出记录。特种设备使用单位在对在用特种设备进行自行检查和日常维护保养时发现异常情况的，应当及时处理。

第三十三条规定：电梯、客运索道、大型游乐设施等为公众提供服务的特种设备运营使用单位，应当设置特种设备安全生产管理机构或者配备专职的安全生产管理人员；其他特种设备使用单位，应当根据情况设置特种设备安全生产管理机构或者配备专职、兼职的安全生产管理人员。

特种设备的安全生产管理人员应当对特种设备使用状况进行经常性检查，发现问题的应当立即处理；情况紧急时，可以决定停止使用特种设备并及时报告本单位有关负责人。

33. 国家规定对矿山企业强制性检查的项目有哪些?

国家规定对矿山企业要求强制性检查的项目有：矿井风量、风质、风速及井下温度、湿度、噪声；瓦斯、粉尘；矿山放射性物质及其他有毒有害物质；露天矿山边坡；尾矿坝；提升、运输、装载、通风、排水、瓦斯抽放、压缩空气和超重设备；各种防爆电气、电气安全保护装置；矿灯、钢丝绳等；瓦斯、粉尘及其他有毒有害物质检测仪器、仪表；自救器；救护设备；安全帽；防尘口罩或面罩；防护服、防护鞋；防噪声耳塞、耳罩等。

[法律提示]

《矿山安全法》第十六条规定：矿山企业必须对机电设备及其防护装置、安全检测仪器，定期检查、维修，保证使用安全。

34. 班组日常安全生产检查的内容有哪些？

班组日常安全生产检查是按检查制度的规定，每天都进行的、贯穿于生产过程中的检查。

班组日常安全生产检查的内容主要有车间安全员和安全生产技术人员的巡回检查，班组长、工会小组劳动保护检查员、班组安全员及操作者的现场检查，主要工作内容是发现生产过程中一切物的不安全状态和人的不安全行为，并加以控制。

很多班组实行"一班三检"制，即班前、班中、班后进行安全生产检查，"班前查安全，思想添根弦；班中查安全，操作保平安；

你们没有佩戴规定的劳动防护用品，不得进入罐区。

班后查安全，警钟鸣不断。"这句话充分说明了"一班三检"制的意义和重要性。"一班三检"检查的侧重点不同：班前检查的重点是对操作设备、工器具、防护装置、作业环境及个人防护用品穿戴的检查；班中检查的重点是对设备运行状况、作业环境危险因素的检查，并纠正违章行为；班后检查的重点是对工作现场的检查，不能给下一班留下事故隐患。

[相关链接]

　　安全生产检查的目的在于及时发现问题、解决问题。应该在检查过程中或检查以后，发动群众及时整改。整改应实行"三定"（定措施、定时间、定负责人），"四不推"（班组能解决的，不推到工段；工段能解决的，不推到车间；车间能解决的，不推到厂；厂能解决的，不推到上级）。对于一些长期危害职工安全健康的重大隐患，整改措施应件件有交代，条条有着落。为了督促各单位事故隐患整改工作的落实，可采用向存在事故隐患的单位下发《事故隐患整改通知书》的方式，指定其限期整改。

一定要仔细检查啊，要不一旦出事故，责任全要我来承担啊！

35. 班组该如何进行事故处理？

　　班组对事故应该严肃处理，实行责任追究。认真落实安全生产责任，是班组安全生产管理的重中之重。在一个企业，安全生产责任制是严肃事故处理的重要依据。因此，推行"一岗一责，人人有责"的责任制是责任追究的必然要求。要对发生事故的班组和个人坚持"四不放过"的原则，做到"事故原因一清二楚，事故处理不讲感情，事故教训刻骨铭心，事故整改举一反三"。

[相关链接]

班组发生伤亡事故时，必须按《生产安全事故报告和调查处理条例》执行，并做到：

（1）负伤人员或最先发现人员要立即报告班组长，并向车间领导报告。轻伤事故，由车间领导和工会组织处理；重伤、死亡或重大事故，要由企业领导和上级主管部门组织调查处理。

（2）发生重伤、死亡和重大事故，班组必须负责保护现场。未经有关调查部门同意，不得乱动或破坏现场。

（3）发生重大事故，班组人员要在领导统一指挥下，积极参加事故抢救，并积极维护生产秩序。

（4）事故发生后，班组要本着"四不放过"的原则，认真查清事故的原因、责任，吸取教训，定出改进措施，避免再次发生事故。

（5）不论发生哪类事故，班组都要进行登记，并及时填写事故报告表，不准假报或不报。按法规规定，对伤亡事故有意隐瞒或拖延不报者，应追究责任。

36. 什么是安全生产检查表？

安全生产检查表是为了系统地找出系统中的不安全因素，事先把系统加以剖析，列出各层次的不安全因素，确定检查项目，并把检查项目按系统的组成顺序编制成表，以便进行检查或评审，这种表就叫作安全生产检查表。安全生产检查表是进行安全生产检查，发现和查明各种危险和隐患，监督各项安全规章制度的实施，及时发现事故隐患并制止违章行为的一个有力工具。

[相关链接]

安全生产检查表应列举需查明的所有会导致事故的不安全因素。每个检查表均需注明检查时间、检查者、直接负责人等，以便分清责任。安全生产检查表的设计应做到系统、全面，检查项目应明确。

37. 编制安全生产检查表的主要依据是什么？

编制安全生产检查表的主要依据是：

（1）有关标准、规程、规范及规定。

（2）国内外事故案例及本单位在安全生产管理及生产中的有关经验。

（3）通过系统分析，确定的危险部位及防范措施。

（4）新知识、新成果、新方法、新技术、新法规和标准。

[相关链接]

在我国许多行业都编制并实施了适合行业特点的安全生产检查标准，如建筑、火电、机械、煤炭等行业都制定了适用于本行业的安全生产检查表。企业在实施安全生产检查工作时，根据行业颁布的安全生产检查标准，可以结合本单位的情况制定更具可操作性的检查表。

38. 使用安全生产检查表法进行安全生产检查有哪些优点?

（1）检查项目系统、完整，可以做到不遗漏任何能导致危险的关键因素，因而能保证安全生产检查的质量。

安全检查表具有不遗漏任何能导致危险的关键因素的优点。

（2）可以根据已有的规章制度、标准、规程等，检查执行情况，得出准确的评价。

（3）安全生产检查表采用提问的方式，有问有答，给人的印象深刻，能使人知道如何做才是正确的，可起到安全生产教育的作用。

（4）编制安全生产检查表的过程本身就是一个系统安全分析的过程，可使检查人员对系统的认识更深刻，更便于发现危险因素。

[相关链接]

安全生产检查表种类多、适用面广、使用方便，可根据不同的要求制定不同的检查表进行检查。因此，它作为一种定性安全评价方法有着广泛的应用，也是安全生产事故隐患排查最常用的方法之一。

39. 有哪几种常用的安全生产检查表?

一般来说,安全生产检查表按其使用场合大致可分为以下几种:

(1)设计用安全生产检查表

主要供设计人员进行安全设计时使用,也以此作为审查设计的依据。其主要内容包括:厂址选择;平面布置;工艺流程的安全性;建筑物、安全装置、操作的安全性;危险物品的性质、储存与运输;消防设施等。

(2)厂级安全生产检查表

供全厂安全生产检查时使用,也可供安技、防火部门进行日常巡回检查时使用。其内容主要包括:厂区内各种产品的工艺和装置的危险部位;主要安全装置与设施;危险物品的储存与使用;消防通道与设施;操作管理以及遵章守纪情况等。

(3)车间用安全生产检查表

供车间进行定期安全生产检查。其内容主要包括工人安全、设备布置、通道、通风、照明、噪声、振动、安全标志、消防设施及操作管理等。

(4)工段及岗位用安全生产检查表

主要用作自查、互查及安全生产教育。其内容应根据岗位的工艺与设备的防灾控制要点确定,要求内容具体易

车间用安全检查表专供车间进行定期安全检查时使用的。

操作。

（5）专业性安全生产检查表

由专业机构或安全生产监督管理职能部门编制和使用。主要用于定期的专业检查或季节性检查，如对电气、压力容器、特殊装置与设备等的专业检查表。

[相关链接]

目前，从大的分类上，可将安全生产检查表分为三种类型：定性检查表、半定量检查表和否决型检查表。

40. 安全生产检查工作包括哪几个步骤？

安全生产检查工作应包括以下几个步骤进行：

（1）安全生产检查准备。

（2）实施安全生产检查。

（3）通过分析做出判断。

（4）及时做出决定进行处理。

（5）实现安全生产检查工作闭环管理。

安全生产检查的准备内容包括：

（1）确定检查对象、目的、任务。

（2）查阅、掌握有关法规、标准、规程的要求。

（3）了解检查对

你们被选为安全生产检查员。

象的工艺流程、生产情况、可能出现危险危害的情况。

（4）制订检查计划，安排检查内容、方法、步骤。

（5）编写安全生产检查表或检查提纲。

（6）准备必要的检测工具、仪器、书写表格或记录本。

（7）挑选和训练检查人员，并进行必要的分工等。

 [法律提示]

《安全生产事故隐患排查治理暂行规定》第二十条规定：安全监督管理、监察部门应当建立事故隐患排查治理监督检查制度，定期组织对生产经营单位事故隐患排查治理情况开展监督检查；应当加强对重点单位的事故隐患排查治理情况的监督检查。

2013年6月，为深入贯彻落实《国务院办公厅关于集中开展安全生产大检查的通知》（国办发明电[2013]16号）各项工作部署，切实加强安全生产工作，有效防范和坚决遏制重特大事故发生，国务院安全生产委员会下发《关于印发国务院安委会安全生产大检查工作实施方案的通知》（安委明电[2013]2号），制定了具体的工作方案。

41. 如何实施安全生产检查？

实施安全生产检查就是通过访谈、查阅文件和记录、现场观察、仪器测量的方式获取信息的过程。

（1）访谈。通过与有关人员谈话来查安全意识、查规章制度执行情况等。

（2）查阅文件和记录。检查设计文件、作业规程、安全措施、责任制度、操作规程等是否齐全，是否有效；查阅相关记录，判断上述文件是否被执行。

（3）现场观察。到作业现场寻找不安全因素、事故隐患、事故征兆等。

（4）仪器测量。利用一定的检测、检验仪器设备，对在用的设施、设备、器材状况及作业环境条件等进行测量，以发现事故隐患。

[相关链接]

通过检查掌握情况（获得信息）之后，就要进行分析、判断和检验。可凭经验、技能进行分析、判断，必要时可以通过仪器、检验得出正确结论。

作出判断后应针对存在的问题做出采取措施的决定，即通过下达隐患整改意见和要求，包括要求进行信息的反馈。

42. 如何做好班组事故隐患排查与整改？

事故隐患主要包括生产场所存在的物的不安全因素，如不处理，就可能导致事故的发生，因此，隐患一经发现必须及时整改。

隐患检查与整改工作是防止事故的主要措施，必须坚持"谁主管，谁负责"的原则。班组每日至少对本单位、本岗位各种设备、设施、建构筑物、危险源点及其作业环境等进行一次全面的检查。并建立隐患检查登记台账，对检查出的以及上报隐患及时登记，登记内容分检查人员、检查时间、隐患部位及危险状态，整改责任人和整改期限等。凡检查出的隐患经确认本单位无力整改的，应立即向上一级主管部门汇报，并在登记台账上注明上报单位、时间等。隐患的检查与整改工作要坚持"四定三不交"原则，即：定项目、定措施、定责任人、定完成时间；班组能整改的不交车间，车间能整改的不交厂矿，厂矿能整改的不交公司。正确、及时、有效地处理安全检查中发现的事故隐患和不安全因素，应遵循下列原则：

（1）边查边改的原则

在生产作业现场发现的事故隐患和不安全因素，当场可以解决的，应立即进行整改。如发现有员工操作钻床戴手套，应立即纠正并给予批评教育。这种边查边改的方法一方面可以及时消除事故隐患和违章行为，另一方面，也减轻安全检查人员后期的工作量。同时，现场解决问题，对于在场员工是很好的安全教育，其效果比课堂安全教育更好。

（2）限期整改的原则

对于不能现场解决的问题，必须限期解决。限期整改不能只是口头的，要按一定的方式和程序进行。

（3）采取防护措施的原则

对于一些事故隐患或不安全因素，在整改之前，必须要采取一定的防护措施，以确保不发生事故。对因隐患整改不及时而导致伤亡事故的，应视情节轻重对责任单位和责任人严肃处理。隐患整改应做好生产现场的安全进行检查，提出事故预防措施，并做好事故预防工作。

[相关链接]

带班长是每班安全生产的重要责任人，在每班的生产中，带班长要时刻提高警惕，密切注意安全生产动向，经常检查是否有违章作业现象、是否有机械异常现象、是否有违反安全生产操作规程的职工、是否有不按规定穿戴劳动防护用品的情况等，一旦发现，要立即纠正。

危险源辨识与治理

43. 什么叫危险、有害因素?

危险是指特定危险事件发生的可能性与后果的结合；有害是指可能造成人员伤害、职业病、财产损失、作业环境破坏的根源或状态。

总的来说，危险、有害因素是指能造成人员伤亡或影响人体健康、导致疾病和对物造成突发性或慢性损坏的因素。

[相关链接]

为了区别客体对人体不利作用的特点和效果，通常将其分为危险因素（强调突发性和瞬间作用）和危害因素（强调在一定时间范围内的积累作用）。有时对两者不加以区分，统称危险、有害因素。客观存在的危险、有害物质或能量超过临界值的设备、设施和场所，都可能成为危险、有害因素。

44. 危险、有害因素是如何产生的?

危险、有害因素尽管表现形式不同，但从本质上讲，之所以能造成危险、有害后果（发生伤亡事故、损害人身健康和造成物的损坏等），均可归结为存在、有害物质和能量、有害物质失去控制等方面因素的综合作用，并导致能量的意外释放或有害物质的泄漏和扩散。存在能量、有害物质和失控是危险、有害因素产生的根本原因。因此，危险、有害因素产生的最主要原因是:

（1）存在能量或有害物质。

（2）能量或有害物质失控。

（3）管理上有缺陷。

（4）不利的环境因素。

[相关链接]

在生产中，人们通过工艺和工艺装备使能量、物质（包括有害物质）按人们的意愿在系统中流动、转换，进行生产。同时又必须约束和控制这些能量及有害物质，消除、减少产生不良后果的条件，使之不能发生危险、有害的后果。如果失控（没有控制、屏蔽措施或控制、屏蔽措施失效），就会造成能量、有害物质的意外释放和泄漏，从而造成人员伤害和财产损失。所以失控也是一类危险、有害因素，它主要体现在设备故障（或缺陷）、人员失误和管理缺陷三个方面。

45. 危险、有害因素按导致事故的直接原因是如何分类的？

（1）物理性危险、有害因素：设备、设施缺陷；防护缺陷；电危害；噪声；振动危害；电磁辐射；运动物危害；明火；高温物质；低温物质；粉尘与气溶胶；作业环境不良；信号缺陷；标志缺陷；其他物理性危险和有害因素。

（2）化学性危险、有害因素：易燃易爆性物质；自燃性物质；有毒物质；腐蚀性物质；其他化学性危险、有害因素。

（3）生物性危险、有害因素：致病微生物；传染病媒介物；致害动物；致害植物；其他生物性危险、有害因素。

（4）心理、生理性危险、有害因素：负荷超限；健康状况异常；从事禁忌作业；心理异常；辨识功能缺陷；其他心理、生理性危险、有害因素。

（5）行为性危险、有害因素：指挥错误；操作失误；监护失误；其他错误；其他行为性危险和有害因素。

（6）其他危险、有害因素。

[法律提示]

以上是根据《生产过程危险和有害因素分类与代码》（GB／T 13816—1992）的规定将危险、有害因素按导致事故的直接原因进行的分类。

46. 危险、有害因素参照事故类别是如何分类的？

综合考虑起因物、引起事故的诱导性原因、致害物、伤害方式等，可将危险、危害因素分为 20 类：物体打击；车辆伤害；机械伤害；起重伤害；触电；淹溺；灼烫；火灾；高处坠落；坍塌；冒顶、片帮；透水；放炮；火药爆炸；瓦斯爆炸；锅炉爆炸；容器爆炸；其他爆炸；中毒和窒息；其他伤害。

[法律提示]

以上根据《企业职工伤亡事故分类标准》（GB 6441—1986）的规定将危险、有害因素参照事故类别进行的分类。

此种分类方法所列的危险、有害因素与企业职工伤亡事故处理（调查、分析、统计）和职工安全教育的口径基本一致，为安全生产监督管理部门、行业主管部门职业安全卫生管理人员和企业广大职工、安全生产管理人员所熟悉，易于接受和理解，便于实际应用。

47. 危险、有害因素按职业健康如何分类？

参照卫生部、原劳动人事部、财政部和中华全国总工会颁发的《职业病范围和职业病患者处理办法的规定》，将危害因素分为生产性粉尘、毒物、噪声与振动、高温、低温、辐射（电离辐射、非电离辐射）、其他危害因素共 7 类。

[知识学习]

按职业健康将危险、有害因素分类可以看出，安全生产事故隐患并不是专指能够造成重大伤亡事故或者说直接造成伤亡事故的危险、有害因素。排查与治理能够造成职业病或危害从业人员身体健康的危险、有害因素。也是安全生产事故隐患排查治理的重要工作内容之一。

48. 危险、有害因素的辨识方法有哪些?

（1）直观经验法

适用于有可供参考先例、有以往经验可以借鉴的危险、危害因素辨识过程，不能应用在没有先例的新系统中。直观经验法又可以分为对照经验法和类比法两种：

对照相同作业条件来分析，安全隐患还是很大的。

1）对照、经验法。对照有关标准、法规、检查表或依靠分析人员的观察分析能力，借助于经验和判断能力直观地分析评价对象的危险性和危害性的方法。对照经验法是辨识中常用的方法，其优点是简便、易行，其缺点是受辨识人员知识、经验和所掌握资料的限制，可能出现遗漏。为弥补个人判断的不足，常采取专家会议的方式来相互启发、交换意见、集思广益，使危险、危害因素的辨识更加细致、具体。

2）类比法。利用相同或相似系统或作业条件的经验和安全生产事故的统计资料来类推、分析评价对象的危险、有害因素。

（2）系统安全分析法

系统安全分析法是应用系统安全工程评价方法进行危险、有害因素辨识。该方法常用于复杂系统和没有事故经验的新开发系统。常用的系统安全分析法有事件树分析、故障树分析、故障模式及影响分析等分析方法。

[知识学习]

　　危险、有害因素辨识是事故预防、安全评价、安全事故隐患排查治理、重大危险源监督管理、建立应急救援体系的基础。许多系统安全评价方法，都可用来进行危险、有害因素的辨识。危险、有害因素的分析需要选择合适的方法，应根据分析对象的性质、特点和分析人员的知识、经验和习惯来选用。

49. 如何全面地进行危险、有害因素识别？

　　在进行危险、有害因素的识别时，要全面、有序地进行，防止出现漏项，应从以下几个方面进行：

　　（1）厂址。从厂址的地质、地形、自然灾害、周围环境、气象条件、交通、抢险救灾支持条件等方面进行分析、识别。

　　（2）总平面布置。从功能分区、防火间距和安全间距、风向、建筑物朝向、危险与有害物质设施、动力设施（氧气站、乙炔气站、压缩空气站、锅炉房、液化石油气站等）、道路、储运设施等方面进行分析、识别。

我觉得乙炔气站还标明的不够清楚。

　　（3）道路及运输。从运输、装卸、消防、疏散、人流、物流、平面交叉运输和竖向交叉运输等几个方面进行分析、识别。

（4）建（构）筑物。从厂房的生产火灾危险性分类、耐火等级、结构、层数、占地面积、防火间距、安全疏散等方面进行分析、识别。

从库房储存物品的火灾危险性分类、耐火等级、结构、层数、占地面积、防火间距、安全疏散等方面进行分析、识别。

（5）生产工艺过程。对新建、改建、扩建项目设计阶段危险、有害因素的识别；安全现状综合评价可针对行业和专业的特点及行业和专业制定的安全标准、规程进行分析、识别；根据典型的单元过程（单元操作）进行危险、有害因素的分析、识别。

（6）生产设备、装置。对工艺设备、机械设备和电气设备进行危险、有害因素分析、识别，同时要注意高处作业设备和单体特种设备的危险、有害因素的分析、识别。

（7）作业环境和安全生产管理措施。

[相关链接]

管理上的危险、有害因素识别是指从安全生产管理组织机构，安全生产管理制度，事故应急救援预案，特种作业人员培训，日常安全生产管理等方面进行识别。

50. 事故预防的基本要求有哪些?

采取事故预防对策时，应能够重视以下5个方面的基本要求：

（1）预防生产过程中产生的危险、有害因素。

（2）排除工作场所的危险、有害因素。

（3）处置危险、有害物并降低到国家标准规定的限值内。

（4）预防生产装置失灵和操作失误产生的危险、有害因素。

（5）发生意外事故时，为遇险人员提供自救和施救条件。

　[知识学习]

事故预防与控制措施，是安全生产隐患治理的重要内容之一，采取有效的危险、有害因素控制措施可以很好地预防事故的发生，降低事故损失。

51. 选择事故预防对策的基本原则有哪些？

按事故预防对策优先顺序的要求，设计时应遵循以下具体原则：

（1）消除

通过合理的设计和科学的管理，尽可能从根本上消除危险、有害因素，如采用无害工艺技术、生产中以无害物质代替有害物质、实现自动化作业、遥控技术等。

（2）预防

当消除危险、有害因素有困难时，可采取预防性技术措施，预防危险、有害的发生，如使用安全阀、安全屏护、漏电保护装置、安全电压、熔断器、防爆膜、事故排风装置等。

这是我们厂新引进的最先进的设备，可以从根本上消除危险。

（3）减弱

在无法消除危险、有害因素和难以预防的情况下，可采取减轻危险、有害因素的措施，如局部通风排毒装置、生产中以低毒性物质代替高毒性物质、降温措施、避雷装置、消除静电装置、减振装置、消声装置等。

（4）隔离

在无法消除、预防、减弱危险、有害因素的情况下，应将人员与危险、有害因素隔开并将不能共存的物质分开，如遥控作业、安全罩、防护屏、隔离操作室、安全距离、事故发生时的自救装置（如防毒服、各类防护面具）等。

（5）连锁

当操作者失误或设备运行达到危险状态时，应通过连锁装置终止危险、有害发生。

（6）警告

在易发生故障和危险性较大的地方，配置醒目的安全色、安全标志；必要时，设置声、光或声光组合报警装置。

[相关链接]

提出的事故预防对策不但应该有针对性，也应该具有可操作性和经济合理性，即提出的对策在经济、技术、时间上应是可行的，能够落实和实施，同时不应超越项目的经济、技术水平。

52. 控制和治理危险、有害因素的对策措施有哪些？

（1）实行机械化、自动化。机械化能减轻劳动强度，减小人身伤害的危险。

（2）设置安全装置。安全装置包括防护装置、保险装置、信号装置及危险牌示和识别标志。

装上了安全装置就放心多了。

（3）增强机械强度。机械设备、装置及其主要部件必须具有必要的机械强度和安全系数。

（4）保证电气安全可靠。电气安全对策通常包括防触电、防电气火灾爆炸和防静电等。

（5）按规定维护保养和检修机器设备。

（6）保持工作场所合理布局。

（7）配备个人防护用品。必须根据危险、危害因素和作业类别配备具有相应防护功能的个人防护用品，作为补充对策。

[相关链接]

保证电气安全的基本条件包括安全认证、备用电源、防触电、电气防火防爆、防静电措施等。

53. 重大危险源控制系统的组成内容是什么?

（1）重大危险源的辨识

由政府主管部门和权威机构在物质毒性、燃烧、爆炸特性等基础上，制定出危险物质及其临界量标准。通过危险物质及其临界量标准，确定哪些是可能发生事故的潜在危险源。

（2）重大危险源的评价

根据危险物质及其临界量标准进行重大危险源辨识和确认后，应对其进行风险分析评价。

我可是重大危险源控制系统的重要成员啊。

事故应急救援预案

（3）重大危险源的管理

企业应对本单位的安全生产负主要责任，针对每一个重大危险源制定出一套严格的安全生产管理制度，通过技术措施和组织措施，对重大危险源进行严格控制和管理。

（4）重大危险源的安全报告

要求企业应在规定的期限内，对已辨识和评价的重大危险源向政府主管部门提交安全报告。如属新建的有重大危害性的设施，则应在其投入运转之前提交安全报告。安全报告应根据重大危险源的变化以及新知识和技术进展的情况进行修改和增补，并由政府主管部门经常进行检查和评审。

（5）事故应急救援预案

企业应负责制定现场事故应急救援预案，并且定期检验和评估现场事故应急救援预案和程序的有效程度，以及在必要时进行修订。场外事故应急救援预案，由政府主管部门根据企业提供的安全报告和有关资料制定。

（6）工厂选址和土地使用规划

政府有关部门应制定综合性的土地使用政策，确保重大危险源与居民区和其他工作场所、机场、水库、其他危险源和公共设施安全隔离。

（7）重大危险源的监察

政府主管部门必须派出经过培训的、合格的技术人员定期对重大危险源进行监察、调查、评估和咨询。

[相关链接]

《国务院关于进一步加强安全生产工作的决定》下发后，各地认真贯彻落实，陆续开展了重大危险源普查登记和监控工作。为了加强管理，统一标准，规范运行，原国家安全生产监督管理局提出了《重大危险源安全监督管理工作指导意见》（安监管协调字[2004]56号），各地方政府和大型企业也都据此制定了适合本地区或企业的《重大危险源安全监督管理规定》。

54. 我国关于重大危险源管理的法律、法规有哪些要求？

《危险化学品安全管理条例》第十九条规定：除运输工具加油站、加气站外，危险化学品的生产装置和储存数量构成重大危险源的储存设施，与下列场所、区域的距离必须符合国家标准或者国家有关规定：居住区、商业中心、公园等人口密集区域；学校、医院、影剧院、体育场（馆）等公共设施；供水水源、水厂及水源保护区；车站、码头（按照国家规定，经批准，专门从事危险化学品装卸作业的除外），机场以及公路、铁路、水路交通干线，地铁风亭及出入口；基本农田保护区、畜牧区、渔业水域和种子、种畜、水产苗种生产基地；河流、湖泊、风景名胜区和自然保护区；军事禁区、军事管理区；法律、行政法规规定予以保护的其他区域。

已建危险化学品的生产装置和储存数量构成重大危险源的，储存设施不符合前款规定的，由所在地设区的市级人民政府负责危险化学品安全监督管理综合工作的部门监督其在规定期限内进行整顿；需要转产、停产、搬迁、关闭的，报本级人民政府批准后实施。

我是来向你们备案的。

《危险化学品安全管理条例》第二十五条规定：储存单位应当将储存剧毒化学品以及构成重大危险源的其他危险化学品的数量、地点以及管理人员的情况，报当地公安部门和负责危险化学品安全监督管理综合工作的部门备案。

 [法律提示]

《安全生产法》第三十七条要求：生产经营单位对重大危险源应当登记建档，进行定期检测、评估、监控，并制定应急预案，告知从业人员和相关人员在紧急情况下应当采取的应急措施。生产经营单位应当按照国家有关规定将本单位重大危险源及有关安全措施、应急措施报有关地方人民政府负责安全生产监督管理的部门和有关部门备案。

《国务院关于进一步加强安全生产工作的决定》要求：搞好重大危险源的普查登记，加强国家、省（区、市）、市（地）、县（市）四级重大危险源监控工作，建立应急救援预案和生产安全预警机制。

55. 重大危险源申报登记的类型有哪些?

根据《安全生产法》和国家标准《危险化学品重大危险源辨识》（GB 18218—2009）的规定，以及实际工作的需要，重大危险源申报登记的范围如下：

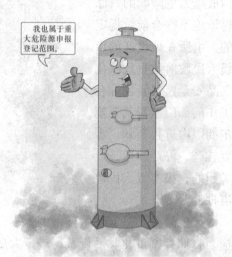

我也属于重大危险源申报登记范围。

（1）储罐区（储罐）。

（2）库区（库）。

（3）生产场所。

（4）压力管道。

（5）锅炉。

（6）压力容器。

（7）煤矿（井工开采）。

（8）金属非金属地下矿山。

（9）尾矿库。

　　[相关链接]

储罐区（储罐）重大危险源是指规定类别的危险物品，且储存量达到或超过其临界量的储罐区或单个储罐。储存量超过其临界量包括以下两种情况：

（1）储罐区（储罐）内有一种危险物品的储存量达到或超

过其对应的临界量。

（2）储罐区内储存多种危险物品且每一种物品的储存量均未达到或超过其对应临界量，但满足下面的公式：

$$q_1/Q_1+q_2/Q_2+\cdots+q_n/Q_n\geq1$$

式中

q_1，q_2，…，q_n——每种危险物质的实际存量，单位为吨；

Q_1，Q_2，…，Q_n——对应危险物品的临界量，单位为吨。

56. 什么是事故预警机制?

预警机制是指能灵敏、准确地告示危险前兆，并能及时提供警示，使机构能采取有关措施的一种制度，其作用在于超前反馈、及时布置、防风险于未然，最大限度地降低由于事故发生对生命造成的损害、对财产造成的损失。完善的事故预警机制是建立在预警系统基础上，而预警系统主要由预警分析系统和预控对策系统两部分组成。

预警分析系统主要包括：监测系统、预警信息系统、预警评价指标体系系统、预测评价系统等。

[相关链接]

预警是指在事故发生前进行预先警告，即对将来可能发生的危险进行事先的预报，提请相关当事人注意。机制，根据《现代汉语词典》的解释有两层含义："一是指机体的构造、功能特征和相互关系等；二是泛指一个工作系统的组织或部分之间相互作用的过程和方式。"现常用来指机体或其他自然和人造系统的组织或部分之间的相互作用的方式和条件，以及系统与环境之间通过物质、能量和信息交换所产生的双向作用。

57. 构建事故预警机制需要遵循的原则是什么?

构建事故预警机制需要遵循及时、全面、高效和引导的原则:

（1）及时性原则

实行事故预警的出发点是"居安思危"，即事故还在孕育和萌芽的时期，就能够通过细致的观察和研究，防微杜渐，提前做好各种防范的准备。

这台设备的噪声太大了，不及时修理会出事故的。

（2）全面性原则

预警就是要对生产活动的各个领域进行全面监测，及时发现各个领域的异常情况，尽最大努力保证生命财产的安全，这是建立预警机制的宗旨。

（3）高效性原则

鉴于事故的不确定性和突发性，预警机制必须以高效率为重要原则。

（4）引导性原则

预警正是在某种灾害、突发公共事件降临之前，提醒或引导人们应该怎么做或应该采取什么态度去应付和处理，这样既减小了因盲从、跟风带来的被动和生命、财产的损失，又是尊重公民基本权利的体现。

事故预警的任务是：对各种事故征兆的监测、识别、诊断与评价，及时报警，并根据预警分析的结果对事故征兆的不良趋势进行矫正、预防与控制。事故预警的特点有快速性、准确性、公开性、完备性、连贯性等。

58. 事故预警指标是如何确定的？

预警评价的指标包括：

（1）人的安全可靠性指标

此类指标包括生理因素、心理因素、技术因素。

（2）生产过程的环境安全性指标

此类指标包括内部环境、外部环境。其中内部环境包括作业环境和内部社会环境；外部环境包括自然环境和社会环境。

（3）安全生产管理有效性的指标

此类指标包括安全生产组织、安全生产法制、安全生产信息、安全生产技术、安全生产教育、安全生产资金投入。

（4）机（物）安全可靠性指标

此类指标包括设备运行不良、材料缺陷、危险物质、能量、安全装置、保护用品、储存与运输、各种物理参数指标。该类指标选择时，应根据具体行业确定。

[相关链接]

预警阈值确定，原则上既要防止误报又要避免漏报。若采用指标预警，一般可根据具体规程设定报警阈值，或者根据具体实际情况，确定适宜的报警阈值。指标预警是指根据预警指标数值大小的变动来发出不同程度的报警。

若为综合预警，一般根据经验和理论来确定预警阈值（即综合指标临界值）。如综合指标值接近或达到这个阈值时，就意味着将有事故出现，可以将此时的综合预警指标值确定为报警阈值。

事故应急救援预案

59. 事故应急救援的基本任务是什么?

（1）立即组织营救受害人员，组织撤离或者采取其他措施保护危害区域内的其他人员。抢救受害人员是应急救援的首要任务。

要及时清理废墟和恢复基本设施。

（2）迅速控制事态，并对事故造成的危害进行检测、监测，测定事故的危害区域、危害性质及危害程度。及时控制住造成事故的危险源是应急救援工作的重要任务。

（3）消除危害后果，做好现场恢复。及时清理废墟和恢复基本设施，将事故现场恢复至相对稳定的状态。

（4）查清事故原因，评估危害程度。事故发生后应及时调查事故的发生原因和事故性质，评估出事故的危害范围和危险程度，查明人员伤亡情况，做好事故原因调查，并总结救援工作中的经验和教训。

[相关链接]

事故应急救援工作是在预防为主的前提下，贯彻统一指挥、分级负责、区域为主、单位自救和社会救援相结合的原则。这是一项涉及面广、专业性强的工作，单靠某一个部门是很难完成的，必须把各方面的力量组织起来，迅速形成救援指挥部。在指挥部的统一指挥下，安全、救护、公安、消防、环保、卫生、质检等部门密切配合，协同作战，迅速、有效地组织和实施应急救援，尽可能地避免和减少损失。

60. 关于应急救援的法律、法规有哪些?

近年来，我国政府相继颁布的一系列法律、法规，如《安全生产法》《职业病防治法》《特种设备安全法》《危险化学品安全管理条例》《关于特大安全事故行政责任追究的规定》和《特种设备安全监察条例》等，对危险化学品、特大安全事故、重大危险源等应急救援工作提出了相应的规定和要求。

2006年1月8日，国务院发布了《国家突发公共事件总体应急预案》，明确了各类突发公共事件分级分类和预案框架体系，规定了国务院应对特别重大突发公共事件的组织体系、工作机制等内容，是指

导预防和处置各类突发公共事件的规范性文件。

2007年8月30日全国人大通过了《突发事件应对法》，并以主席令（第69号）颁布，自2007年11月1日起施行。该法明确规定了在突发事件的预防与应急准备、监测与预警、应急处置与救援、事后恢复与重建等活动中，政府、单位及个人的职责。

[法律提示]

新修正的《安全生产法》高度重视事故应急与救援工作，如第十八条规定：生产经营单位的主要负责人具有组织制定并实施本单位的生产安全事故应急救援预案的职责。第三十七条规定：生产经营单位应当按照国家有关规定将本单位重大危险源及有关安全措施、应急措施报有关地方人民政府安全生产监督管理部门和有关部门备案。"第五章生产安全事故的应急救援与调查处理"全章对生产安全事故的应急救援预案和应急救援队伍做了明确的、详细的规定。

61. 事故应急救援体系的基本构成有哪几个方面？

（1）组织体制

应急救援体系组织体制建设中的管理机构是指维持应急日常管理的负责部门；功能部门包括与应急活动有关的各类组织机构，如消防、医疗机构等；应急指挥是在应急预案启动后，负责应急救援活动的场外与场内指挥系统；而救援队伍则由专业和志愿人员组成。

（2）运作机制

应急运作机制主要由统一指挥、分级响应、属地为主和公众动员四个基本机制组成。

（3）法制基础

应急有关的法规可分为四个层次：由立法机关通过的法律，如紧急状态法、公民知情权法和紧急动员法等；由政府颁布的规章，如应急救援管理条例等；包括预案在内的以政府令形式颁布的政府法令、规定等；与应急救援活动直接有关的标准或管理办法等。

你们作为事故应急救援体系中的功能部门，责任重大啊……

（4）保障系统

列于应急保障系统第一位的是信息与通信系统，构筑集中管理的信息通信平台是应急体系最重要的基础建设。

[相关链接]

应急信息通信系统要保证所有预警、报警、警报、报告、指挥等活动的信息交流快速、顺畅、准确，以及信息资源共享；物资与装备系统不但要保证有足够的资源，而且还要实现快速、及时供应到位；人力资源保障系统包括专业队伍的加强、志愿人员以及其他有关人员的培训教育；应急财务保障系统应建立专项应急科目，如应急基金等，以保障应急管理运行和应急反应中各项活动的开支。

[法律提示]

《安全生产法》第七十六条规定：国务院安全生产监督管理部门建立全国统一的生产安全事故应急救援信息系统，国务院有关部门建立健全相关行业、领域的生产安全事故应急救援信息系统。

62. 事故应急现场指挥系统的组织结构如何?

现场指挥系统应该由以下核心应急响应职能组成：

（1）事故应急指挥官

事故应急指挥官负责现场应急响应所有方面的工作，包括确定事故应急目标及实现目标的策略；批准实施书面或口头的事故应急行动计划；高效地调配现场资源；落实保障人员安全与健康的措施；管理现场所有的应急行动。

（2）行动部

行动部负责所有主要的应急行动，包括消防与抢险、人员搜救、医疗救治、疏散与安置等。所有的战术行动都依据事故应急行动计划来完成。

（3）策划部

策划部负责收集、评价、分析及发布事故应急相关的战术信息，准备和起草事故行动计

嘿嘿，我既是将，又是兵……

划，并对有关的信息进行归档。

（4）后勤部

后勤部负责为事故的应急响应提供设备、设施、物资、人员、运输、服务等。

（5）资金（行政）部

资金（行政）部负责跟踪事故应急的所有费用并进行评估，承担其他职能未涉及的资金管理职责。

　[相关链接]

重大事故的现场情况一般都是非常复杂的，并且一般现场还汇集了各方面的救援力量和物资，应急救援行动的组织、指挥与协调面临很大的考验，一般会存在如下主要的问题需要解决：太多人向指挥官汇报情况；机构间缺乏协调机制，并且术语不同；缺乏可靠的事故相关信息和决策机制，整体目标不清晰；通信不通畅；机构对自身的现场任务和目标不明确。

63. 什么是事故应急预案?

事故应急预案，又称"预防和应急处理预案""应急处理预案""应急计划"或"应急救援预案"，是事先针对可能发生的事故（件）或灾害进行预测，而预先制定的应急与救援行动、降低事故损失的有关救援措施、计划或方案。事故应急预案实际上是标准化的反应程序，以使应急救援活动能迅速、有序地按照计划和最有效的步骤来进行。

事故应急预案最早是为预防、预测和应急处理"关键生产装置事故""重点生产部位事故""化学泄漏事故"而预先制定的对策方案。应急预案有三个方面的含义：

（1）事故预防

通过危险辨识、事故后果分析，采用技术和管理手段降低事故发生的可能性且使可能发生的事故控制在局部，防止事故蔓延。

追究安全生产违法行为法律责任的形式有三种。

（2）应急处理

万一发生事故（或故障）有应急处理程序和方法，能快速反应处理故障或将事故消除在萌芽状态。

（3）抢险救援

采用预先制定的现场抢险和抢救的方式，控制或减小事故造成的损失。

[相关链接]

重大事故应急预案根据层次可分为三种：

（1）综合预案

相当于总体预案，从总体上阐述预案的应急方针、政策，应急组织结构及相应的职责，应急行动的总体思路等。

（2）专项预案

是针对某种具体的、特定类型的紧急情况而制定的计划或方案，是综合应急预案的组成部分，应按照综合应急预案的程序和要求组织制定，并作为综合应急预案的附件。

（3）现场处置方案

是在专项预案的基础上，根据具体情况而编制的。现场处置方案的特点是针对某一具体场所的该类特殊危险及周边环境情况，在详细分析的基础上，对应急救援中的各个方面做出具体、周密而细致的安排。现场处置方案的另一特殊形式为单项预案。

64. 应急预案一般包括哪几级文件?

（1）一级文件——预案

它包含了对紧急情况的管理政策、预案的目标，应急组织和责任等内容。

（2）二级文件——程序

它说明某个行动的目的和范围。程序内容十分具体，例如该做什么、由谁去做、什么时间和什么地点等。它的目的是为应急行动提供指南，但同时要求程序和格式简洁明了，以确保应急队员在执行应急步骤时不会产生误解，格式可以是文字叙述、流程图表或是两者的组

合等，应根据每个应急组织的具体情况选用最适合本组织的程序格式。

（3）三级文件——指导书

对程序中的特定任务及某些行动细节进行说明，供应急组织内部人员或其他个人使用。

（4）四级文件——对应急行动的记录

包括在应急行动期间所做的通信记录、每一步应急行动的记录等。

[相关链接]

一个完善的应急预案按相应的过程可分为6个一级关键要素，包括：方针与原则、应急策划、应急准备、应急响应、现场恢复、预案管理与评审改进。根据一级要素中所包括的任务和功能，其中应急策划、应急准备和应急响应3个一级关键要素可进一步划分成若干个二级小要素。所有这些要素即构成了事故应急预案的核心要素。

65. 应急预案的编制程序是什么？

应急预案的编制应包括以下几个过程：

（1）成立工作组

结合本单位部门职能分工，成立以单位主要负责人为领导的应急预案编制工作组，明确编制任务、职责分工、制订工作计划。

（2）资料收集

包括相关法律、法规、应急预案、国内外同行业事故案例分析、本单位技术资料等。

（3）危险源与风

你的应急能力评估写得还是很中肯的，我们要继续加大力度来提高才行。

险分析

在危险因素分析及事故隐患排查、治理的基础上，确定本单位的危险源、可能发生事故的类型和后果，进行事故风险分析并指出事故可能产生的次生、衍生事故，形成分析报告、分析结果作为应急预案的编制依据。

（4）应急能力评估

对本单位应急装备、应急队伍等应急能力进行评估。

（5）应急预案编制

编制过程中，应注重全体人员的参与和培训，使所有有关人员均掌握危险源的危险性、应急处置方案和技能。应急预案应充分利用社会应急资源，与地方政府预案、上级主管单位以及相关部门的预案相衔接。

（6）应急预案的评审与发布

内部评审由本单位主要负责人组织有关部门和人员进行；外部评审由上级主管部门或地方政府负责安全管理的部门组织审查。评审后，按规定报有关部门备案，并经生产经营单位主要负责人签署发布。

[法律提示]

2006年9月20日，国家安全生产监督管理总局颁布了《生产经营单位安全生产事故应急预案编制导则》（AQ/T 9002—2006），并于2006年11月1日实施。该导则明确了应急预案应包含的内容和编制要求，为应急预案的规范化建设提供了依据。

66. 应急响应的功能和任务有哪些?

应急响应包括应急救援过程中一系列需要明确并实施的核心应急功能和任务，这些核心功能和任务具有一定的独立性，但相互之间又密切联系，构成了应急响应的有机整体。应急响应的核心功能和任务包括：接警与通知，指挥与控制，警报和紧急公告，通信，事态监测与评估，警戒与治安，人群疏散与安置，医疗与卫生，公共关系，应急人员安全，消防和抢险，泄漏物控制等。

[相关链接]

为了给应急准备、应急响应和减灾措施提供决策和指导依据，应该进行危险性分析，危险性分析包括危险识别、脆弱性分析和风险分析。危险分析的结果应该能够提供以下资料：

（1）地理、人文（包括人口分布）、地质、气象等信息。

（2）城市功能布局（包括重要保护目标）及交通情况。

（3）重大危险源分布情况及主要危险物质种类、数量及理化、消防等特性。

（4）可能发生的重大事故种类及对周边的后果分析。

（5）特定的时段（例如人群高峰时间、度假季节、大型活动）。

（6）可能影响应急救援的不利因素。

67. 应急预案有哪几种演练形式？

（1）桌面演练

桌面演练是指由应急组织的代表或关键岗位人员参加的，按照应急预案及其标准工作程序，讨论紧急情况时应采取行动的演练活动。桌面演练的特点是对演练情景进行口头演练，一般是在会议室内举行。

（2）功能演练

功能演练是指针对某项应急响应功能或其中某些应急响应

行动举行的演练活动，主要目的是测试应急响应功能。例如，指挥和控制功能的演练，检测、评价多个政府部门在紧急状态下实现集权式的运行和响应能力等。演练地点主要集中在若干个应急指挥中心或现场指挥部，并开展有限的现场活动，调用有限的外部资源。

我们先进行一下桌面演练吧。

（3）全面演练

全面演练指针对应急预案中全部或大部分应急响应功能，检验、评价应急组织应急运行能力的演练活动。全面演练一般要求持续几小时，采取交互方式进行，演练过程要求尽量真实，调用更多的应急人员和资源，并开展人员、设备及其他资源的实战性演练，以检验相互协调的应急响应能力。

[相关链接]

应急演练目的是通过培训、评估、改进等手段提高保护人民群众生命财产安全和环境的综合应急能力；说明应急预案的各部分或整体是否能有效地实施；验证应急预案应急可能出现的各种紧急情况的适应性，找出应急准备工作中可能需要改善的地方；确保建立和保持可靠的通信渠道及应急人员的协同性；确保所有应急组织都熟悉并能够履行他们的职责，找出需要改善的潜在问题。

[法律提示]

应急演练是我国各类事故及灾害应急过程中的一项重要工作，多部法律、法规及规章对此都有相应的规定，如《消防法》《危险化学品安全管理条例》《矿山安全法实施条例》《使用有毒物品作业场所劳动保护条例》《核电厂核事故应急条例》《突发公共卫生事件应急条例》等规定有关企业和行政主管部门应针对火灾、化学事故、矿山灾害、职业中毒事故或突发性公共卫生事件定期开展应急演练。

68. 应急演练的主要任务是什么？

应急演练是由多个组织共同参与的一系列行为和活动，按照应急演练的各个阶段，可将演练前后应予完成的内容和活动分解并整理成20项单独的基本任务，如确定演练目标和演练范围，编写演练方案，确定演练现场规则，制定评价人员，安排后勤工作，记录应急组织的

演练表现，编写书面评价报告和演练总结报告，评价和报告不足项补救措施，追踪整改项的纠正等。

[相关链接]

为充分发挥演练在检验和评价应急能力方面的重要作用，演练策划人员、参演应急组织和人员针对不同应急功能的演练时，应注意如下演练实施要点：早期通报，指挥与控制，通信，警报与紧急公告，公共信息与社区关系，资源管理，卫生与医疗服务，应急响应人员安全，公众保护措施，火灾与搜救，执法，事态评估，人道主义服务，市政工程。

69. 对应急预案的演练结果如何处理？

应急演练结束后应对演练的效果做出评价，并提交演练报告，详细说明演练过程中发现的问题。按照对应急救援工作及时、有效性的影响程度，将演练过程中发现的问题作如下定义和处理：

（1）不足项

不足项是指演练过程中观察或识别出的应急准备缺陷，可能导致在紧急事件发生时，不能确保应急组织或应急救援体系有能力采取合理应对措施。不足项应在规定的时间内予以纠正。

（2）整改项

整改项是指演练过程中观察或识别出的，

单独不可能在应急救援中对公众的安全与健康造成不良影响的应急准备缺陷。整改项应在下次演练前予以纠正。

（3）改进项

改进项是指应急准备过程中应予改善的问题。改进项不同于不足项和整改项，它不会对人员安全与健康产生严重的影响，视情况予以改进，不必一定要求予以纠正。

 [相关链接]

演练结束后，进行总结与讲评是全面评价演练是否达到演练目标、应急准备水平及是否需要改进的一个重要步骤，也是演练人员进行自我评价的机会。演练总结与讲评可以通过访谈、汇报、协商、自我评价、公开会议和通报等形式完成。演练总结应包括如下内容：演练背景，参与演练的部门和单位，演练方案和演练目标，演练过程的全面评价，演练过程中发现的问题和整改措施，对应急预案和有关程序的改进建议，对应急设备、设施维护与更新的建议，对应急组织、应急响应人员能力和培训的建议。

▌ 企业隐患排查治理规章制度

70. 安全生产事故隐患是如何分类的?

事故隐患分为一般事故隐患和重大事故隐患:

(1)一般事故隐患,是指危害和整改难度较小,发现后能够立即整改排除的隐患。

(2)重大事故隐患,是指危害和整改难度较大,应当全部或者局部停产停业,并经过一定时间整改治理方能排除的隐患,或者因外部因素影响致使生产经营单位自身难以排除的隐患。

[法律提示]

2007年12月22日,国家安全生产监督管理总局局长办公会议审议通过了《安全生产事故隐患排查治理暂行规定》,2007年12月28日以国家安全生产监督管理总局令第16号公布,自2008年2月1日起施行。

71. 安全生产事故隐患排查治理专项行动的对象和范围是什么?

安全生产事故隐患排查治理专项行动的对象和范围为高危行业等重点行业和领域的各类生产经营单位,主要包括:煤矿、金属非金属矿山、石油、化工、烟花爆竹、冶金、有色金属开采与冶炼、建筑施工、民爆器材、电力等工矿企业;道路交通、水运、铁道、民航等交通运输企业;渔业、农机、水利等单位；人员密集场所；以及其他行业和领域近年来发生重特大事故的单位。同时，通过对安全生产隐患排查治理，进一步检查地方各级人民政府的安全监督管理责任落实情况和打击非法建设、生产和经营的情况。

 [法律提示]

2007年5月12日，国务院办公厅下发《关于在重点行业和领域开展安全生产隐患排查治理专项行动的通知》（国办发明电[2007]16号），决定在全国重点行业和领域开展安全生产隐患排查治理专项行动。

72. 安全生产隐患排查治理有什么重要意义？

在重点行业和领域开展安全生产隐患排查治理专项行动，是国务院为加强安全生产工作而做出的又一重要决策。针对特定阶段相继发生的煤矿、道路交通、非煤矿山、危险化学品、烟花爆竹、冶金、水上交通等重特大事故，要求相关部门严格按照"四不放过"原则，查清事故原因，吸取事故教训，认真排查治理各种隐患，有效防范重特大事故。

要把隐患排查治理当做一项长期的长效的机制来执行啊。

隐患排查治理能否广泛深入地开展起来并取得预期的成效，思想认识是关键。各级干部特别是安全生产监督管理、监察人员，必须认真学习领会各相关法律、法规，充分认识开展隐患排查治理的必要性和重要意义，把它作为一项长期的、长效的机制来执行。

[相关链接]

2007年6月4日，国家安全生产监督管理总局、国家煤矿安全监察局在北京召开安全生产视频调度会，要求立即启动安全生产隐患排查治理专项行动，将事故隐患排查治理作为安全生产工作的一项长效机制。此后，每年的安全生产事故隐患排查治理工作得到了广泛深入地开展。

73. 安全生产事故隐患排查治理有什么重要作用？

（1）开展安全生产事故隐患排查治理活动能体现"安全第一，预防为主，综合治理"的安全生产方针。有力推动安全生产工作，有效遏制重特大事故，降低事故总量。对完成安全生产目标任务，促进实现安全生产状况的稳定好转起到十分重要的作用。

（2）安全生产事故隐患排查治理活动是安全生产工作的重要方法之一。能变被动停产为主动防范，做到关口前移、重心下移，通过排查治理隐患，化解事故风险。

（3）安全生产事故隐患排查治理活动是促使企业安全生产责任主体到位的有效形式。隐患是企业安全生产各种矛盾和问题的外在表现形式，其多少及其程度，客观反映了企业履行安全生产责任主体、企业法定代表人安全生产负责制，以及企业安全生产资金投入、安全科技、培训教育等方面的实际情况。

（4）开展安全生产事故隐患排查治理活动是锻炼提高安全

生产综合监督管理、煤矿安全监察能力的一次很好的机会。安全生产事故隐患排查治理覆盖范围广泛，涉及各个行业领域，工作量很大，任务十分艰巨。但同时通过安全生产事故隐患排查治理工作的开展，为各管理部门履行综合监督管理职责提供了着力点，为深入了解相关行业企业的生产安全情况提供了便利，是一种实战演练、锻炼提高的机会。

[法律提示]

《关于在重点行业和领域开展安全生产隐患排查治理专项行动的通知》（国办发明电[2007]16号）指出，隐患排查治理的工作目标是：通过开展隐患排查治理工作，进一步落实企业的安全生产主体责任和地方人民政府的安全监督管理主体责任，全面排查治理事故隐患和薄弱环节，认真解决存在的突出问题，建立重大危险源监控机制和重大隐患排查治理机制及分级管理制度，有效防范和遏制重特大事故的发生，促进全国安全生产状况进一步稳定好转。

74. 生产经营单位的安全生产事故隐患包括哪些？

生产经营单位的安全生产事故隐患一般包括以下几个方面：

（1）危及安全生产的危险、有害因素和重大险情。

（2）可能导致事故发生和危害扩大的设计缺陷、工艺缺陷、设备缺陷等。

（3）建设、施工、检修过程中可能发生的各种能量伤害。

（4）停工、生产、开工阶段可能发生的泄漏、火灾、爆炸、中毒等。

（5）可能造成职业病、职业中毒的劳动环境和作业条件。

（6）在敏感地区进行活动可能导致的重大污染。

（7）丢弃、废弃和处理活动（包括停用报废装置设备的拆除，废弃危险化学品的处理等）。

（8）可能造成环境污染和生态破坏的活动、过程、产品和服务。

（9）以往生产活动遗留下来的潜在危害和影响。

[知识学习]

安全生产事故隐患排查治理涉及各行业、各领域，具有典型的行业特征，所以要根据行业或企业的自身特点，制定本行业或本单位的安全生产事故隐患排查治理制度。

75. 什么是安全生产事故隐患排查治理的"四个结合"？

安全生产隐患排查治理工作要做到"四个结合"：

（1）把隐患排查治理与深化企业安全生产检查和重点行业领域专项整治结合起来。

（2）与检查落实安全生产法律、法规、规章、标准结合起来。

（3）与落实安全生产各项治本之策、建立长效机制结合起来。

（4）与推动安全生产科技进步、淘汰落后生产能力结合起来。

[相关链接]

安全生产事故隐患排查治理还要突出"四个重点"：一是重点行业，其中煤矿、道路交通是重中之重；二是重点地区，要突出抓好相对滞后、事故反弹的地方；三是重点企业，主要是骨干企业、安全基础工作比较薄弱的企业；四是重点隐患，必须盯住可能酿成重特大事故的严重问题不放，采取切实的措施立即治理。

76. 国务院规定的安全生产事故隐患排查治理专项行动分哪几个阶段？

（1）安排部署阶段

安全生产监督管理、公安、交通、建设、铁道、民航、电力、国土资源、工业、农业、水利、教育和国资委等部门抓紧制定各重点行业和领域隐患排查治理专项行动的具体指导意见，并报国务院安全生产委员会办公室

我向您汇报一下我厂事故隐患排查治理情况。

汇总后统一下发。

（2）企业自查、自改阶段

各类生产经营单位按照有关要求，深刻吸取本企业和其他同类企业以往发生的事故教训，结合实际制定具体方案，认真开展自查，全面治理事故隐患，将排查治理情况及时上报地方人民政府及安全生产监督管理和行业行政主管部门。

（3）地方政府督促检查阶段

地方各级人民政府组成由政府分管领导、安全生产监督管理部门和有关部门参加企业隐患排查治理规章制度的督查组，对本行政区域开展安全生产隐患排查治理工作情况进行督促检查。

（4）国务院安全生产委员会督查阶段

国务院安全生产委员会组织由有关部门参加的联合督查组（包括综合组和专业组），对地方人民政府开展隐患排查治理专项行动以及打击非法建设、生产和经营情况进行督查。

（5）各单位"回头看"再检查阶段

为巩固隐患排查治理专项行动成果，确保取得实效，各单位开展"回头看"再检查，主要检查企业和地方政府对排查出的重大隐患是否治理到位，隐患排查监管机制是否建立、健全等。

　[相关链接]

地方政府督查的主要内容包括：一是查企业安全生产主体责任落实情况；二是查隐患排查治理工作到位情况、存在的问题和应急措施制定情况；三是查企业安全生产投入和隐患治理资金落实情况；四是查已发生的事故按照"四不放过"的原则处理情况；五是查地方政府组织打击非法建设、生产和经营情况。

77. 安全生产事故隐患排查治理的主要工作要求有哪些?

（1）加强领导，落实责任

安全生产事故隐患排查治理由地方各级人民政府统一领导，安全生产监督管理、监察等各有关部门要密切配合。结合本地区、本行业、本领域的实际，制定切实可行的工作方案，并明确分工，明确责任，狠抓落实。要认真落实政府行政首长负责制和企业法定代表人负责制。

（2）突出重点，强化督导

安全生产事故隐患排查治理工作要突出高危行业等重点行业和领域的重点企业。地方各级人民政府及其安全生产监督管理等有关部门要加强督促、检查和指导。要认真贯彻落实"安全第一，预防为主，综合治理"的方针，加大安全投入，加快安全技术改造，淘汰落后生产能力，提高企业的安全生产管理水平，增强事故防范能力。

（3）广泛发动，群防群治

要充分依靠和发动广大从业人员参与安全生产事故隐患排查治理工作。各类生产经营单位要紧紧依靠技术管理人员和岗位员工，调动职工群众的积极性，发

这台设备立即报废处理，绝不能凑合继续使用！

挥他们对安全生产的知情权、参与权和监督权，组织职工全面细致地查找各种事故隐患，积极主动地参加隐患治理。

（4）立足当前，着眼长远

推动重大危险源监督管理工作和事故隐患排查治理工作的深入开展，既要切实消除当前严重威胁安全生产的突出隐患，又要落实治本之策，加强制度建设，建立安全生产的长效机制。

（5）广泛宣传，舆论监督

要充分利用广播、电视、报纸等各种媒体广泛宣传，加大舆论监督和群众监督力度，对排查治理走过场的单位要予以曝光，并对隐患举报人进行奖励。

[法律提示]

《隐患排查治理暂行规定》第十三条规定：安全生产监督企业隐患排查治理规章制度管理、监察部门和有关部门的监督检查人员依法履行事故隐患监督检查职责时，生产经营单位应当积极配合，不得拒绝和阻挠。

78. 如何健全安全生产事故隐患排查治理信息调度统计制度？

各地区、各有关部门和中央企业要在开展安全生产隐患排查治理专项行动信息调度统计工作的基础上，进一步加强和改进当年的信息调度统计工作。要加强领导，明确机构，落实责任，健全制度。从条块两个方面，自下而上，全面加强信息调度统计，认真填报《国务院安委会办公室关于做好安全生产隐患排查治理信息调度统计和报送等工作的通知》中所列的附表，并开展统计分析，查找和解决个性和共性问题，为推动安全生产事故隐患排查治理各项工作提供可靠的信息支持。

[法律提示]

2008年2月19日，国务院安全生产委员会办公室下发了《关于做好安全生产隐患排查治理信息调度统计和报送等工作的通知》，规范了安全生产隐患排查治理信息调度统计和报送相关工作。

79. 安全生产事故隐患排查治理调度统计的范围是什么?

安全生产事故隐患排查治理信息调度统计的范围是：国务院办公厅《隐患排查治理专项行动的通知》以及国家安全生产监督管理总局和国务院有关部门分别印发的相关行业、领域实施意见确定的行业、领域的生产经营单位，地方人民政府根据本地区实际情况确定的其他单位。

隐患排查治理情况统计报表中："一般隐患"，是指危害和整改难度较小，发现后能够立即整改排除的隐患。"重大隐患"，是指危害和整改难度较大，应当全部或者局部停业停产，并经过一定时间整改治理方能排除的隐患，或者因外部因素影响致使生产经营单位自身难以排除的隐患。"列入治理计划的重大隐患"，是指在排查出的重大隐患中，一时难以整改，需要在以后全部或者局部停业停产治理，且已经列入治理计划的隐患。"行业和领域"中包括中央企业。

[法律提示]

《隐患排查治理暂行规定》第十四条规定：生产经营单位应当每季、每年对本单位事故隐患排查治理情况进行统计分析，并分别于下一季度15日前和下一年1月31日前向安全生产监督管理、监察部门和有关部门报送书面统计分析表。统计分析表应当由生产经营单位主要负责人签字。

80. 安全生产事故隐患排查治理调度统计的具体要求有哪些？

（1）各省级安全生产委员会办公室、省级安全生产监督管理部门、省级煤矿安全监察机构汇总情况并填报《关于做好安全生产隐患排查治理信息调度统计和报送等工作的通知》所附的相应的表格内容，同时报送文字说明。主要包括以下内容：隐患排查治理工作责任落实和制度建立情况；隐患排查治理工作组织推动和进度情况（生产经营单位自查、自改和政府查改的情况）；隐患排查治理工作中的经验、有效做法和存在问题；下一步工作安排以及有关建议等。

（2）国务院有关部门安全生产监督管理机构要做好本行业、领域隐患排查治理信息调度统计工作，每季度搞好汇总（具体报表格式、内容自行设计），报国务院安全生产委员会办公室。同时报送文字说明，主要包括以下内容：本行业、领域开展隐患排查治理工作情况；好的做法和存在问题；下一步工作安排及有关建议等。

（3）中央企业

的子公司、分公司及其下属单位的隐患排查治理工作除由地方按行业上报外，中央企业总部要加强调度统计，每季度单独汇总，同时上报国务院国资委和安全生产监督管理总局。中央企业总部填报相应报表。报送的文字说明应主要包括以下内容：隐患排查治理工作责任落实和制度建立情况；下属单位开展工作情况；总公司（总厂、集团公司）开展隐患排查治理工作情况；好的做法、存在的问题；下一步工作安排及有关建议等。

[相关链接]

《关于做好安全生产隐患排查治理信息调度统计和报送等工作的通知》中的附表有："煤矿安全生产隐患排查治理情况统计表""金属和非金属矿山等行业领域企业安全生产隐患排查治理情况统计表""交通运输等重点行业领域企业和单位安全生产隐患排查治理情况统计表""打击非法建设、非法生产、非法经营情况统计表"。各相关单位根据需要选择相应表格填写。

81. 生产经营单位制定的安全生产事故隐患排查治理制度应包括哪些内容？

（1）目的和内容。

（2）适用范围，一般包括本单位全体员工。

（3）各相关人（指单位负责人、安全生产负责人、车间班组负责人和从业人员等）的职责确定。

（4）本单位安全生产事故隐患分类。

（5）安全生产事故隐患排查治理的工作程序，包括组织机构、隐患的排查与报告、隐患的整改和验收、档案建立、奖惩情况等。

（6）附则（一般明确制度实施的日期）。

 [法律提示]

《隐患排查治理暂行规定》第四条规定：生产经营单位应当建立、健全事故隐患排查治理制度。

安全生产事故隐患排查治理责任

82. 什么是安全生产责任制?

安全生产责任制是根据我国的安全生产方针"安全第一,预防为主,综合治理"和安全生产法规建立的各级领导、职能部门、工程技术人员、岗位操作人员在劳动生产过程中对安全生产层层负责的制度。安全生产责任制是企业岗位责任制的一个组成部分,是企业中最基本的一项安全生产制度,也是企业安全生产、劳动保护管理制度的核心。

建立安全生产责任制的目的,一方面是增强生产经营单位各级负责人员、各职能部门及其工作人员和各岗位生产人员对安全生产的责任感;另一方面明确生产经营单位中各级负责人员、各职能部门及其工作人员和各岗位生产人员在安全生产中应履行的职责和应承担的责任,以充分调动各级人员和各部门安全生产方面的积极性和主观能动性,确保安全生产。

建立、健全了安全生产责任制后,工伤事故和职业性疾病明显减少了。

工伤事故

实践证明,凡是建立、健全了安全生产责任制的企业,各级领导重视安全生产、劳动保护工作,切实贯彻执行党的安全生产方针、政策和国家的安全生产、劳动保护法规，在认真负责地组织生产的同时，积极采取措施，改善劳动条件，工伤事故和职业性疾病就会减少。反之，就会职责不清，相互推诿，从而使安全生产、劳动保护工作无人负责，无法进行，工伤事故与职业病就会不断发生。

[法律提示]

《安全生产法》第四条规定"生产经营单位必须遵守本法和其他有关安全生产的法律、法规，加强安全生产管理，建立、健全安全生产责任制和安全生产规章制度，改善安全生产条件，推进安全生产标准化建设，提高安全生产水平，确保安全生产。"

[知识学习]

生产经营单位和企业安全生产责任制的主要内容是：厂长、经理是法人代表，是生产经营单位和企业安全生产的第一责任人，对生产经营单位和企业的安全生产负全面责任；生产经营单位和企业的各级领导和生产管理人员，在管理生产的同时，必须负责管理安全工作，在计划、布置、检查、总结、评比生产的时候，必须同时计划、布置、检查、总结、评比安全生产工作。

有关的职能机构和人员，必须在自己的业务工作范围内，对实现安全生产负责。

班组和从业人员必须遵守以岗位责任制为主的安全生产制度，严格遵守安全生产法规、制度，不违章作业，并有权拒绝违章指挥，险情严重时有权停止作业，采取紧急防范措施。

83. 安全生产责任制主要有哪些内容?

（1）生产经营单位主要负责人——安全生产第一责任者的职责。

对于这次泄漏事故，我作为"一把手"具有不可推卸的责任。

（2）生产经营单位其他负责人的职责。

（3）生产经营单位职能管理机构负责人及其工作人员的职责。

（4）班组长的安全生产职责。

（5）岗位工人（从业人员）的安全生产职责。

[相关链接]

生产经营单位主要负责人——安全生产第一责任者的职责主要包括：

（1）建立、健全本单位安全生产责任制。

（2）组织制定本单位安全生产规章制度和操作规程。

（3）保证本单位安全生产投入的有效实施。

（4）督促、检查本单位的安全生产工作，及时消除生产安全事故隐患。

（5）组织制定并实施本单位的生产安全事故应急救援预案。

（6）及时、如实报告生产安全事故。

（7）组织制定并实施本单位安全生产教育和培训计划。

 [法律提示]

《安全生产法》第四条明确规定："生产经营单位必须遵守本法和其他有关安全生产的法律、法规，加强安全生产管理，建立、健全安全生产责任制和安全生产规章制度，改善安全生产条件，推进安全生产标准化建设，提高安全生产水平，确保安全生产。生产经营单位的主要负责人对本单位的安全生产工作全面负责。"

84. 安全生产监督管理人员的职责有哪些?

安全生产监督管理人员的职责主要有以下几个方面：

（1）宣传安全生产法律、法规和国家有关方针和政策。

（2）监督检查生产经营单位执行安全生产法律、法规和标准的情况。

（3）严格履行有关行政许可的审查工作。

（4）依法处理安全生产违法行为，实施行政处罚。

（5）正确处理事故隐患，防止生产安全事故发生。

（6）依法处理不符合法律、法规和标准的有关设施、设备、

新宇化工厂发生了泄漏事故。

器材。

（7）接受行政监察机关的监督。

（8）及时报告生产安全事故。

（9）参加生产安全事故应急救援与调查处理。

（10）忠于职守，坚持原则，秉公执法。

[相关链接]

《安全生产法》对充分发挥负有安全生产监督管理职责的部门的作用，保证负有安全生产监督管理职责的部门严格、规范地依法履行监督管理职责，做了详细的规定。

85. 安全生产管理部门隐患排查治理职责有哪些？

各级安全生产监督管理、监察部门按照职责对所辖区域内生产经营单位排查治理事故隐患工作依法实施综合监督管理；各级人民政府有关部门在各自职责范围内对生产经营单位排查治理事故隐患工作依法实施监督管理。

安全生产监督管理、监察部门接到事故隐患报告后，应当按照职责分工立即组织核实并予以查处；发现所报告事故隐患应当由其他有关部门处理的，应当立即移送有关部门并记录备查。

[法律提示]

国家安全生产监督管理总局令第16号《隐患排查治理暂行规定》第六条规定：任何单位和个人发现事故隐患，均有权向安全监管监察部门和有关部门报告。

86．生产经营单位安全生产事故隐患排查治理的主要责任有哪些?

（1）生产经营单位应当建立、健全事故隐患排查治理和建档监控等制度，逐级建立并落实从主要负责人到每个从业人员的隐患排查治理和监控责任制。

要建立、健全事故建档监控等制度。

（2）生产经营单位应当保证事故隐患排查治理所需的资金，建立资金使用专项制度。

（3）生产经营单位应当定期组织安全生产管理人员、工程技术人员和其他相关人员排查本单位的事故隐患。对排查出的事故隐患，应当按照事故隐患的等级进行登记，建立事故隐患信息档案，并按照职责分工实施监控治理。

（4）生产经营单位应当建立事故隐患报告和举报奖励制度，鼓励、发动职工发现和排除事故隐患，鼓励社会公众举报。对发现、排除和举报事故隐患的有功人员，应当给予物质奖励和表彰。

 [法律提示]

国家安全生产监督管理总局令第16号《隐患排查治理暂行规定》第八条规定：生产经营单位是事故隐患排查、治理和防控的责任主体。

87. 重大事故隐患报告内容有哪些?

生产经营单位应当每季、每年对本单位事故隐患排查治理情况进行统计分析,并向安全生产监督管理、监察部门和有关部门报送书面统计分析表。对于重大事故隐患,生产经营单位除依照规定报送外,应当及时向安全生产监督管理、监察部门和有关部门报告。重大事故隐患报告内容应当包括:

(1)隐患的现状及其产生原因。

(2)隐患的危害程度和整改难易程度分析。

(3)隐患的治理方案。

对于重大事故隐患,由生产经营单位主要负责人组织制定并实施事故隐患治理方案。重大事故隐患治理方案应当包括以下内容:

(1)治理的目标和任务。

(2)采取的方法和措施。

(3)经费和物资的落实。

(4)负责治理的机构和人员。

(5)治理的时限和要求。

(6)安全措施和应急预案。

[相关链接]

对于一般事故隐患,由生产经营单位(车间、分厂、区队等)负责人或者有关人员立即组织整改。

88. 生产经营单位负责人事故隐患排查治理责任有哪些?

（1）生产经营单位主要负责人对本单位事故隐患排查治理工作全面负责。

（2）生产经营单位应当每季、每年对本单位事故隐患排查治理情况进行统计分析，并分别于下一季度15日前和下一年1月31日前向安全生产监督管理、监察部门和有关部门报送

请您签字。

书面统计分析表。统计分析表应当由生产经营单位主要负责人签字。

（3）对于重大事故隐患，由生产经营单位主要负责人组织制定并实施事故隐患治理方案。

 [法律提示]

《安全生产法》第三十八条规定：生产经营单位应当建立、健全生产安全事故隐患排查治理制度，采取技术、管理措施，及时发现并消除事故隐患。事故隐患排查治理情况应当如实记录，并向从业人员通报。

89. 重大事故隐患治理方案应包括哪些内容？

重大事故隐患治理方案应当包括以下内容：

（1）安全生产监督管理、监察部门对检查过程中发现的重大事故隐患，应当下达整改指令书，并建立信息管理台账。必要时，报告同级人民政府并对重大事故隐患实行挂牌督办。

（2）安全生产监督管理、监察部门发现属于其他有关部门职责范围内的重大事故隐患的，应该及时将有关资料移送有管辖权的有关部门，并记录备查。

（3）地方人民政府或者安全生产监督管理、监察部门及有关部门挂牌督办并责令全部或者局部停产停业治理的重大事故隐患，治理工作结束后，有条件的生产经营单位应当组织本单位的技术人员和专家对重大事故隐患的治理情况进行评估；其他生产经营单位应当委托具备相应资质的安全评价机构对重大事故隐患的治理情况进行评估。

（4）经治理后符合安全生产条件的，生产经营单位应当向安全生产监督管理、监察部门和有关部门提出恢复生产的书面申请，经安全生产监督管理、监察部门和有关部门审查同意后，方可恢复生产经营。申请报告应当包括治理方案的内容、项目和安全评价机构出具的评价报告等。

[相关链接]

生产经营单位应当加强对自然灾害的预防。对于因自然灾害可能导致事故灾难的隐患，应当按照有关法律、法规、标准规定的要求排查治理，采取可靠的预防措施，制定应急预案。

90. 如何落实安全生产事故隐患排查结果?

（1）安全生产监督管理、监察部门对检查过程中发现的重大事故隐患，应当下达整改指令书，并建立信息管理台账。必要时，报告同级人民政府并对重大事故隐患实行挂牌督办。

由于你们的治理还不合格，所以恢复生产的申请没有通过。

（2）安全生产监督管理、监察部门发现属于其他有关部门职责范围内的重大事故隐患的，应该及时将有关资料移送有管辖权的有关部门，并记录备查。

（3）地方人民政府或者安全生产监督管理监察部门及有关部门挂牌督办并责令全部或者局部停产停业治理的重大事故隐患，治理工作结束后，有条件的生产经营单位应当组织本单位的技术人员和专家对重大事故隐患的治理情况进行评估；其他生产经营单位应当委托具备相应资质的安全评价机构对重大事故隐患的治理情况进行评估。

（4）经治理后符合安全生产条件的，生产经营单位应当向安全生产监督管理监察部门和有关部门提出恢复生产的书面申请，经安全生产监督管理监察部门和有关部门审查同意后，方可恢复生产经营。申请报告应当包括治理方案的内容、项目和安全评价机构出具的评价报告等。

[相关链接]

生产经营单位应当加强对自然灾害的预防。对于因自然灾害可能导致事故灾难的隐患，应当按照有关法律、法规、标准和本规定的要求排查治理，采取可靠的预防措施，制定应急预案。

91. 对违反安全生产事故隐患排查治理相关法律、法规规定的有哪些处罚措施？

（1）生产经营单位及其主要负责人未履行事故隐患排查治理职责，导致发生生产安全事故的，依法给予行政处罚。

（2）承担检测、检验、安全评价的中介机构，出具虚假评价证明，尚不够刑事处罚的，没收违法所得，违法所得在5 000元以上的，并处违法所得2倍以上5倍以下的罚款，没有违法所得或者违法所得不足5 000元的，单处或者并处5 000元以上20 000元以下的罚款，同时可对其直接负责的主管人员和其他直接责任人员处5 000元以上50 000元以下的罚款；给他人造成损害的，与生产经营单位承担连带赔偿责任。

（3）生产经营单位事故隐患排查治理过程中违反有关安全生产法律、法规、规章、标准和规程规定的，依法给予行政处罚。

（4）安全生产监督管理、监察部门的工作人员未依法履行职责的，按照有关规定处理。

[相关链接]

生产经营单位违反规定，有下列行为之一的，由安全生产监督管理、监察部门给予警告，并处30 000元以下的罚款：未建立安全生产事故隐患排查治理等各项制度的；未按规定上报事故隐患排查治理统计分析表的；未制定事故隐患治理方案的；重大事故隐患不报或者未及时报告的；未对事故隐患进行排查治理擅自生产经营的；整改不合格或者未经安全生产监督管理、监察部门审查同意擅自恢复生产经营的。

事故报告和调查处理

92. 生产安全事故等级是如何划分的?

根据生产安全事故（以下简称事故）造成的人员伤亡或者直接经济损失，事故一般分为以下等级：

（1）特别重大事故

是指造成30人以上死亡，或者100人以上重伤（包括急性工业中毒，下同），或者1亿元以上直接经济损失的事故。

（2）重大事故

是指造成10人以上30人以下死亡，或者50人以上100人以下重伤，或者5 000万元以上1亿元以下直接经济损失的事故。

（3）较大事故

是指造成3人以上10人以下死亡，或者10人以上50人以下重伤，或者1 000万元以上5 000万元以下直接经济损失的事故。

（4）一般事故

是指造成3人以下死亡，或者10人以下重伤，或者1 000万元以下直接经济损失的事故。

国务院安全生产监督管理部门可以会同国

是一起重大事故！

一共死了15人……

务院有关部门，制定事故等级划分的补充性规定。

上面规定的"以上"包括本数，"以下"不包括本数。

[法律提示]

《安全生产法》第八十三条的规定："事故调查处理应当按照科学严谨、依法依规、实事求是、注重实效的原则，及时、准确地查清事故原因，查明事故性质和责任，总结事故教训，提出整改措施，并对事故责任者提出处理意见。事故调查报告应当依法及时向社会公布。事故调查和处理的具体办法由国务院制定。"

根据目前我国有关法律、法规的规定，生产事故的调查和处理依据《生产安全事故报告和调查处理条例》有关规定进行，《特别重大事故调查程序暂行规定》（国务院34号令）《企业职工伤亡事故报告和处理规定》（国务院75号令）已经于2007年6月1日废止。

93. 生产安全事故报告的基本程序是什么？

（1）事故发生单位向政府职能部门报告

《生产安全事故报告和调查处理条例》关于事故发生单位的报告程序和时限的要求，是立即向法定的有关人民政府职能部门报告。

（2）政府部门报告的程序

特别重大事故、重大事故逐级上报至国务院安全生产监督管理部门和负有安全生产监督管理职责的有关部门。较大事故逐级上报至省、自治区、直辖市人民政府安全生产监督管理部门和负有安全生产监督管理职责的有关部门。

一般事故逐级上报至设区的市级安全生产监督管理部门和

负有安全生产监督管理职责的有关部门。

（3）越级报告

事故发生单位越级报告：情况紧急时，事故现场有关人员可以直接向事故发生地县级以上人民政府安全生产监督管理部门和负有安全生产监督管理职责的有关部门报告。

安全生产监督管理部门和有关部门越级报告：必要时，安全生产监督管理部门和负有安全生产监督管理职责的有关部门可以越级上报事故情况。

（4）事故续报、补报

事故报告后出现新情况，事故发生单位和安全生产监督管理部门和负有安全生产监督管理职责的有关部门应当及时续报。自事故发生之日起 30 日内，事故造成的伤亡人数发生变化的，事故发生单位和安全生产监督管理部门和负有安全生产监督管理职责的有关部门应当及时补报。

[法律提示]

《生产安全事故报告和调查处理条例》第十条规定："安全生产监督管理部门和负有安全生产监督管理职责的有关部门接到事故报告后，应当依照规定上报事故情况，并通知公安机关、劳动保障行政部门、工会和人民检察院。"

94. 生产安全事故报告的时限是如何规定的?

（1）事故发生单位事故报告的时限

从事故发生单位负责人接到事故报告时起算，该单位向政府职能部门报告的时限是1小时。

（2）政府职能部门事故报告的时限

县级以上人民政府安全生产监督管理部门和负有安全生产监督管理职责的有关部门向上一级人民政府安全生产监督管理部门和负有安全生产监督管理职责的有关部门逐级报告事故的时限，是每级上报的时间不得超过2小时。安全生产监督管理部门和负有安全生产监督管理职责的有关部门逐级上报事故情况的同时，应当报告本级人民政府。

（3）法定事故报告时限的界定

《生产安全事故报告和调查处理条例》关于事故报告的法定时限，从事故发生单位发现事故发生和有关人民政府职能部门接到事故报告时起算。超过法定时限（没有正当理由）报告事故的，为迟报事故并承担相应法律责任。但是遇有不可抗力的情况并有证据证明的除外。例如因通信中断、交通阻断或者其他自然原因致使事故信息等情况不能按时报送的，其报告时限可以适当延长。

[法律提示]

《生产安全事故报告和调查处理条例》第十三条规定：事故报告后出现新情况的，应当及时补报。自事故发生之日起30日内，事故造成的伤亡人数发生变化的，应当及时补报。道路交通事故、火灾事故自发生之日起7日内，事故造成的伤亡人数发生变化的，应当及时补报。

95. 生产安全事故报告应该包括哪些内容?

报告事故应当包括下列内容:

（1）事故发生单位概况。

（2）事故发生的时间、地点以及事故现场情况。

（3）事故的简要经过。

生产安全事故报告一定要写详细。

（4）事故已经造成或者可能造成的伤亡人数（包括下落不明的人数）和初步估计的直接经济损失。

（5）已经采取的措施。

（6）其他应当报告的情况。

 [相关链接]

安全生产监督管理部门和负有安全生产监督管理职责的有关部门应当建立值班制度，并向社会公布值班电话，受理事故报告和举报。

96. 事故调查的基本原则是什么?

（1）实事求是的原则

事故调查工作必须坚持实事求是，克服主观主义，做到客观、公正。一是必须全面、彻底查清生产安全事故的原因，不

得夸大事故事实或者缩
小事故事实，更不得弄
虚作假；二是在认定事
故性质、分析事故责任
时一定要从实际出发，
要在查明事故原因的基
础上，根据实际情况明
确事故责任；三是在提
出对事故责任者的处理
意见时，一定要实事求
是，不得从主观出发，
不能感情用事，要坚

事故调查报告你怎么能够去做假呢？

持以事实为依据，以法律为准绳，要根据事故责任划分，按照
法律、法规和国家有关规定对事故责任人提出处理意见；四是
总结事故教训、落实事故整改措施要实事求是，总结教训要准
确、全面，落实整改措施要坚决、彻底。

（2）尊重科学的原则

生产安全事故调查工作具有很强的科学性和技术性，特别
是事故原因的调查，往往需要作很多技术上的分析和研究，利
用很多技术手段，如进行技术鉴定或试验等。尊重科学，一是
要有科学的态度，不主观臆断，不轻易下结论，防止个人意识
主导，杜绝心理偏好，努力做到客观、公正；二是要特别注意
充分发挥专家和技术人员的作用，把对事故原因的查明、事故
责任的分析、认定建立在科学的基础上。

 [法律提示]

《生产安全事故报告和调查处理条例》第四条规定：事

故报告应当及时、准确、完整，任何单位和个人对事故不得迟报、漏报、谎报或者瞒报。

事故调查处理应当坚持实事求是、尊重科学的原则，及时、准确地查清事故经过、事故原因和事故损失，查明事故性质，认定事故责任，总结事故教训，提出整改措施，并对事故责任者依法追究责任。

97. 在事故调查中如何划分职责？

（1）特别重大事故的调查

特别重大事故由国务院或者国务院授权的部门组织事故调查组进行调查，事故调查组组长既可以由国务院有关领导同志担任，也可以由国务院指定有关部门负责同志担任。

生产安全事故调查工作具有很强的科学性和技术性，特别是事故原因的调查，往往需要作很多技术上的分析和研究，利用很多技术手段，如进行技术鉴定或试验由国务院或者国务院授权的部门组织事故调查组进行调查，事故调查组组长既可以由国务院有关领导同志担任，也可以由国务院指定有关部门负责同志担任。

（2）重大事故以下等级事故的调查

普通事故的调查：根据《生产安全事故报告和调查处理条例》第十九条的有关规定，重大事故、较大事故、

我们是省级煤矿安全监察机构调查组。

一般事故分别由事故发生地省级人民政府、设区的市级人民政府、县级人民政府负责调查。省级人民政府、设区的市级人民政府、县级人民政府可以直接组成事故调查组进行调查，也可以授权或者委托有关部门组织事故调查组进行调查。未造成人员伤亡的事故，县级人民政府也可以委托事故发生单位组织事故调查组进行调查。

煤矿事故的调查：煤矿发生重大事故，由省级煤矿安全监察机构组织事故调查组进行调查，省级人民政府及其有关部门参加调查；发生较大事故、一般事故，由负责监察事故发生地煤矿的煤矿安全监察分局组织事故调查组进行调查，有关地方政府和有关部门参加调查。

铁路交通事故的调查：铁路发生重大事故由国务院铁路主管部门组织事故调查组进行调查；较大事故和一般事故由事故发生地铁路管理机构组织事故调查组进行调查；国务院铁路主管部门认为必要时，可以组织事故调查组对较大事故和一般事故进行调查。

跨行政区域发生的事故的调查：特别重大事故以下等级事故，事故发生地与事故发生单位不在同一个县级以上行政区域的，由事故发生地人民政府负责调查，事故发生单位所在地人民政府应当派人参加。

（3）上级政府可以调查下级政府负责调查的事故

上级人民政府认为必要时，可以调查由下级人民政府负责调查的事故。

（4）因事故伤亡人数变化导致事故等级发生变化的事故的调查

自事故发生之日起 30日内（道路交通事故、火灾事故自发生之日起 7日内），因事故伤亡人数变化导致事故等级发生变

化，依照《生产安全事故报告和调查处理条例》规定应当由上
级人民政府负责调查的，上级人民政府可
以另行组织事故调查组进行调查。

[法律提示]

我国生产安全事故调查工作实行"政府统一领导、分级负
责"的原则，考虑到火灾、道路交通、水上交通等行业或者领
域的事故调查处理已有专门法律、行政法规，《生产安全事故
报告和调查处理条例》第四十五条规定：特别重大事故以下等
级事故的报告和调查处理，有关法律、行政法规或者国务院另
有规定的，依照其规定。

98. 事故调查组的职责和权利有哪些?

根据《生产安全事故报告和调查处理条例》的有关规定，
事故调查组履行下列职责：查明事故发生的经过；查明事故发
生的直接原因和间接原因；查明人员伤亡情况；查明事故的直
接经济损失；认定事故的性质和事故责任；提出对事故责任者
的处理建议；总结事故教训；提出事故防范措施和整改意见；
提交事故调查报告。

根据《生产安全事故报告和调查处理条例》第二十六条的
有关规定，事故调查组在履行事故调查职责时有以下权利：有
权向有关单位和个人了解与事故有关的情况；有权获得相关文
件、资料；事故调查组在事故调查中发现涉嫌犯罪的，事故调
查组应当及时将有关材料或者其复印件移交司法机关处理。

[相关链接]

根据事故的具体情况，事故调查组由有关人民政府、安全

生产监督管理部门、负有安全生产监督管理职责有关部门、监察机关、公安机关以及工会派人组成。

99. 事故调查报告应包括哪些主要内容?

事故调查报告应当包括下列内容:

事故发生的原因需要在报告中明确。

（1）事故发生单位概况。

（2）事故发生经过和事故救援情况。

（3）事故造成的人员伤亡和直接经济损失。

（4）事故发生的原因和事故性质。

（5）事故责任的认定以及对事故责任者的处理建议。

（6）事故防范和整改措施。

事故调查报告应当附具有关证据材料，事故调查组成员应当在事故调查报告上签名。

[相关链接]

事故调查报告是全面、准确地反映事故调查结果或者结论的法定文书，是有关人民政府做出事故批复的主要依据。事故调查组应当依照《生产安全事故报告和调查处理条例》的规定，在法定时限内向有关人民政府提交经事故调查组全体成员签名的事故调查报告。事故调查报告具有法定的证明力，事故调查组应当对其真实性、准确性、合法性负责。

100．有关事故责任追究在法律上是如何规定的?

事故责任人主要包括直接责任人、领导责任人和间接责任人三种:

发生了事故,我的官也当不成了。

(1)直接责任人

是指当事人与重大事故及其损失有直接因果关系,是对事故发生以及导致一系列后果起决定性作用的人员。

(2)领导责任人

是指当事人的行为虽然没有直接导致事故发生,但由于其领导监管不力而导致事故发生的人员。

(3)间接责任人

是指与事故的发生有间接关系的人员。

[相关链接]

事故发生单位及其有关人员如果有以下违法行为:事故发生后,事故发生单位及其有关人员谎报或者瞒报事故;伪造或者故意破坏事故现场;转移、隐匿资全、财产,或者销毁有关证据、资料;拒绝接受调查或者拒绝提供有关情况和资料;在事故调查中作伪证或者指使他人作伪证;事故发生后逃匿的,就应该承担的法律责任是：对事故发生单位处100万元以上500万元以下的罚款；对主要负责人、直接负责的主管人员和其他直接责任人员处上一年年收入60%~100%的罚款；属于国家工作人员的，并依法给予处分；构成违反治安管理行为的，由公安机关依法给予治安管理处罚；构成犯罪的，依法追究刑事责任。